콩 싫어!
식물 싫어!

틈만 나면 보고 싶은 융합 과학 이야기

콩 싫어! 식물 싫어!

초판 1쇄 인쇄 2016년 11월 25일
초판 1쇄 발행 2016년 12월 2일

글 황신영 | **그림** 안경자 | **감수** 구본철

펴낸이 이욱상 | **편집팀장** 최은주 | **책임편집** 최지연
표지 디자인 마루 · 한 | **본문 편집 · 디자인** 구름돌
사진 제공 Getty Images/이매진스, 농촌진흥청, 국립중앙박물관, 헬로 포토

펴낸곳 동아출판㈜ | **주소** 서울시 영등포구 은행로 30(여의도동)
대표전화(내용 · 구입 · 교환 문의) 1644-0600 | **홈페이지** www.dongapublishing.com
신고번호 제300-1951-4호(1951. 9. 19.)

ISBN 978-89-00-40986-4 74400   978-89-00-37669-2 74400 (세트)

틈만 나면 보고 싶은
융합 과학 이야기

콩 싫어!
식물 싫어!

글 황신영　그림 안경자

감수 구본철(전 KAIST 교수)

동아출판

미래 인재는 창의 융합 인재

이 책을 읽다 보니, 내가 어렸을 때 에디슨의 발명 이야기를 읽던 기억이 납니다. 그때 나는 에디슨이 달걀을 품은 이야기를 읽으면서 병아리를 부화시킬 수 있을 것 같다는 생각도 해 보았고, 에디슨이 발명한 축음기 사진을 보면서 멋진 공연을 하는 노래 요정들을 만나는 상상을 하기도 했습니다. 그러다가 직접 시계와 라디오를 분해하다 망가뜨려서 결국은 수리를 맡긴 일도 있었습니다.

지금 와서 생각해 보면 어린 시절의 경험과 생각들은 내 미래를 꿈꾸게 해 주었고, 지금의 나로 성장하게 해 주었습니다. 그래서 나는 어린 학생들을 만나면 행복한 것을 상상하고, 미래에 대한 꿈을 갖고, 꿈을 향해 열심히 도전하고, 상상한 미래를 꼭 실천해 보라고 이야기합니다.

어린이 여러분의 꿈은 무엇인가요? 여러분이 주인공이 될 미래는 어떤 세상일까요? 미래는 과학 기술이 더욱 발전해서 지금보다 더 편리하고 신기한 것도 많아지겠지만, 우리들이 함께 해결해야 할 문제들도 많아질 것입니다. 그래서 과학을 단순히 지식으로만 이해하는 것이 아니라, 세상을 아름답고 편리하게 만들기 위해 여러 관점에서 바라보고 창의적으로 접근하는 융합적인 사고가 중요합니다. 나는 여러분이 즐겁고 풍요로운 미래 세상을 열어 주는, 훌륭한 사람이 될 것이라고 믿습니다.

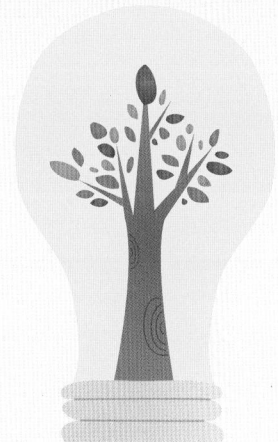

　동아출판 〈틈만 나면 보고 싶은 융합 과학 이야기〉 시리즈는 그동안 과학을 설명하던 방식과 달리, 과학을 융합적으로 바라볼 수 있도록 구성되었습니다. 각 권은 생활 속 주제를 통해 과학(S), 기술 공학(TE), 수학(M), 인문예술(A) 지식을 잘 이해하도록 도울 뿐만 아니라, 과학 원리가 우리 생활을 편리하게 해 주는 데 어떻게 활용되었는지도 잘 보여 줍니다. 나는 이 책을 읽는 어린이들이 풍부한 상상력과 창의적인 생각으로 미래 인재인 창의 융합 인재로 성장하리라는 것을 확신합니다.

전 카이스트 문화기술대학원 교수 구본철

식물학자를 꿈꾸는 어린이에게

봄이면 산과 들에 개나리와 진달래가 피고, 여름에는 싱싱한 초록빛 잎으로 가득해요. 알록달록한 단풍이 들면 가을이 왔고, 낙엽이 모두 떨어지면 겨울이 온 것을 알 수 있어요. 이처럼 우리 주위의 식물들을 보면 계절이 다가오는 것을 알 수 있어요. 그뿐인가요? 식물은 광합성을 통해 스스로 양분을 만들고, 한자리에서 자라면서 과일, 채소, 나물 등 다양한 먹거리를 주는 고마운 생물이에요. 또한 지구에 있는 모든 에너지의 근원은 식물이에요. 식물은 우리가 숨을 쉬는 데 필요한 산소를 주고, 햇빛을 이용해 양분을 만들어 지구 상의 모든 생물들이 살아갈 수 있게 해 주어요.

이 책에서 초롱이는 밥에 들어 있는 콩을 싫어해요. 몰래 콩을 버리다가 완두콩 콩콩 공주와 만나게 되지요. 초롱이는 콩콩 공주와 함께 식물의 뿌리, 줄기, 잎을 여행하면서 식물에 대해 조금씩 알아 가게 되어요. 그리고 식물 속에 숨어 있는 신기한 수학적 비밀과 재미있는 역사, 예술 이야기를 듣게 되지요. 여러분도 초롱이와 콩콩 공주와 함께 식물과 관련된 수많은

수학, 과학 지식뿐만 아니라 식물이 인간의 역사, 문화, 예술에 어떤 영향을 끼치는지 함께 알아보기로 해요.

식물

1장 콩콩 공주와 식물
과학) 식물의 구조와 기능

2장 식물은 멋진 수학자
수학) 각도, 피보나치 수, 프랙털

3장 신기하고 특별한 식물
기술공학) 유전자 재조합 기술

4장 이런 식물 저런 식물
인문예술) 문화 속 식물

이 책을 읽고 주변의 식물에 대해 좀 더 관심을 가지게 되었으면 좋겠어요. 혹시 알아요? 이 책을 읽는 여러분이 미래의 유명한 식물학자가 될지도 모르지요. 식물학자가 되기 어려울 것 같다고요? 그렇지 않아요. 늘 호기심 어린 눈으로 주변의 식물을 자세히 관찰하는 것이 식물학자가 되는 첫걸음이랍니다.

황신영

차례

1장 콩콩 공주와 식물

2장 식물은 멋진 수학자

3장 신기하고 **특별**한 식물

4장 **이런** 식물 **저런** 식물

콩콩 공주와
식물

콩밥은 싫어

방학을 맞아 초롱이는 시골 할머니 댁에 왔어요. 초롱이는 할머니 댁에 가는 것을 무척 좋아해요. 동네 친구들과 냇가로 가서 물고기도 잡을 수 있고, 뒷산에 있는 시원한 나무 그늘에서 낮잠도 잘 수 있기 때문이에요. 그런데 초롱이가 싫어하는 것이 딱 하나 있어요. 바로 식사 시간이에요.

"우리 강아지, 빨리 와서 밥 먹자."

할머니가 다정하게 초롱이를 불렀어요.

"에이, 또 콩밥이잖아요. 콩밥 먹기 싫은데⋯⋯. 그리고 할머니, 나물 반찬 말고 고기반찬 없어요?"

초롱이가 **뾰루퉁해서** 할머니에게 밥투정을 했어요.

"떽! 음식을 가려 먹으면 못써요. 그러니까 우리 강아지 키가 안 크지. 골고루 먹어야 키가 큰단다."

"그래도 콩밥은 싫어요."

초롱이는 밥에서 완두콩을 하나하나 골라내며 **투덜거렸어요.**

그날 저녁, 초롱이는 부엌을 어슬렁거렸어요.

"더 이상 콩밥은 먹기 싫어. 할머니한테는 죄송하지만 어쩔 수 없지."

초롱이는 **살금살금** 부엌으로 들어가 콩이 가득 담긴 그릇을 들고 마당으로 나왔어요. 그리고 마당 한 귀퉁이에 콩을 묻고 흙으로 덮어 버렸어요. 초롱이가 그릇을 들고 일어서는데 무엇인가 또르르 굴러떨어졌어요.

"이봐, 그릇을 살살 들어야지. 굴러떨어져서 아프잖아!"

"아이, 깜짝이야! 누구야?"

초롱이는 낯선 목소리에 깜짝 놀라 주위를 둘러보았어요.

"발밑을 봐. 앗, 발을 움직이면 어떻게 해. 잘못하면 내 몸이 깔린다고!"

초롱이가 가만히 발밑을 내려다보니, 세상에 웬 완두콩 하나가 몸에 묻은 먼지를 떨면서 말을 하는 것이 아니겠어요?

"지금 말한 게 너니?"

초롱이가 **믿을 수 없다는** 표정을 지으며 말했어요.

"응, 난 콩콩 공주라고 해. 완두콩 왕국의 하나밖에 없는 공주지. 아까 저 그릇에서 잠을 자고 있었는데 너 때문에 **깼잖아!**"

"뭐? 완두콩 왕국의 공주님이라고?"

"그래. 그런데 내 신하들은 어디 간 거지? 어쩔 수 없네. 이렇게 된 이상 당분간 너의 도움을 받아야겠어."

초롱이는 말하는 완두콩 친구가 있는 사람은 세상에 자기밖에 없을 거라고 생각했어요. 좀 까칠하고 **공주병** 기질이 있는 것 같지만 말이에요.

흙 속의 완두콩 씨앗들

초롱이는 콩콩 공주를 데리고 방으로 들어왔어요.

"콩콩 공주, 넌 어찌면 이렇게 작고 **귀엽니?**"

초롱이가 콩콩 공주를 내려다보며 말했어요.

"흥, 내가 작다고? 난 햇빛과 물만 있으면 사람보다 빨리 자랄 수 있어. 그러기 위해서는 **깜깜한** 땅속으로 들어가야 하지만 말이야."

콩콩 공주의 말을 듣다가 초롱이는 땅속에 묻은 콩들이 생각났어요.

"아 참, 너랑 같이 있던 콩들 말이야. 내가 마당 귀퉁이에 묻어 버렸어."

초롱이가 안절부절못하며 이야기했어요.

"이런, 내 신하들이 땅속에 있다고? 초롱아, 당장 데리러 가자."

"뭐? 땅속으로 들어가자고? 난 너무 커서 땅속으로 들어갈 수 없어."

"호호, 걱정 마. 나만 따라오면 돼."

"정말? 너만 따라가면 나도 땅속으로 들어갈 수 있어? 어떻게?"

초롱이는 콩콩 공주를 따라 마당으로 나갔어요. 콩콩 공주가 초롱이의 손을 잡자 **스르르 작아지면서** 땅속으로 쏙 들어갔어요.

우아, 진짜 땅속이네.

어서 신하들을 찾으러 가자.

"와, 진짜 땅속으로 들어온 거야? 콩콩 공주, 너 대단하구나! 그런데 땅속에서는 숨을 못 쉴 줄 알았는데 괜찮네."

"호호, 내가 마법을 좀 썼지. 그리고 흙에도 산소, 이산화탄소 같은 공기가 있어. 식물 씨앗과 뿌리도 공기가 필요하거든."

"그렇구나. 그나저나 **빨리** 네 신하들을 찾으러 가자."

한참 걸어가다 보니 완두콩들이 보였어요. 완두콩 신하들은 콩콩 공주를 보자 반갑게 인사했어요.

"자, 이럴 게 아니라 빨리 나가자. 너희들을 데리러 왔어."

"음……. 공주님, 죄송하지만 저희는 여기가 좋아요. 벌써 물을 흠뻑 마시고, **싹**이 날 준비를 하고 있는걸요?"

완두콩 신하들은 난처해했어요.

"아, 벌써 어린뿌리가 났네? 곧 땅 위로 올라가겠구나. 그래. 좋은 곳에서 자라게 되어 다행이야. 자주 놀러 올게. 초롱아, 우린 집으로 돌아가자."

콩콩 공주는 애써 **씩씩하게** 말했지만 약간 슬퍼 보였어요. 콩콩 공주와 초롱이는 완두콩 신하들과 작별 인사를 했어요.

뿌리는 어떤 일을 할까?

"너무 서운해하지 마. 언제든지 보러 올 수 있잖아."

초롱이는 콩콩 공주를 위로하며 걷다 무언가에 걸려 넘어질 뻔했어요.

"초롱아, 조심해!"

"고마워, 하마터면 넘어질 뻔했네. 그런데 이게 뭐지?"

초롱이는 발에 걸렸던 것을 보았어요.

"뿌리잖아?"

초롱이가 주변을 살펴보니 뿌리들이 땅속 깊이, 멀리까지 퍼져 있었어요.

"이쯤에 할머니가 밀을 심어 놓았던데 밀의 뿌리인가? 뿌리가 이렇게 넓고 깊게 퍼져 있는 줄 몰랐어. 땅 위의 잎과 줄기보다 훨씬 큰걸?"

"맞아. 밀 뿌리의 길이는 매일매일 자라는 작은 뿌리털 길이까지 모두 더하면 수십 km를 넘는 것도 있어. 땅 위에서 보는 것과는 다르지?"

콩콩 공주가 밀의 뿌리를 가리키며 말했어요.

"와, 정말 대단하다. 뿌리가 이렇게 길게 퍼져 있는 이유가 뭐야?"

와, 뿌리가 넓고도 깊게 퍼져 있네!

당연하지.

"뿌리로 물을 흡수하기 위해서야. 화단에서 자라는 장미는 죽지 않고 오래 살지만 꺾어서 꽃병에 꽂아 두면 며칠 지나지 않아 시들어. 꽃병 속의 장미는 뿌리가 없어 물을 흡수할 수 없기 때문이야."

"줄기로는 물을 흡수할 수 없어?"

"줄기로는 물을 충분히 흡수하지 못해. 그래서 뿌리가 필요한 거야. 식물이나 사람 같은 생물이 살아가는 데 물이 꼭 필요해."

초롱이는 콩콩 공주의 말을 듣고 고개를 끄덕였어요.

"뿌리는 식물이 자랄수록 함께 커져. 그리고 뿌리의 힘은 매우 커서 식물을 지탱할 수 있게 해 주지. 만약 뿌리가 땅속 깊이 자라지 못하면 바람이 강하게 불 때 뿌리째 뽑힐 수 있어. 또 뿌리는 흐르는 빗물로부터 토양이 쓸려 내려가지 않도록 보호해 주지."

"아, 그래서 땔감이나 목재로 쓰기 위해 나무를 많이 베어 낸 산은 산사태가 잘 일어나는구나."

"맞아. 그리고 뿌리의 힘이 얼마나 큰지 건축물을 망가뜨릴 수도 있어. 앙코르 유적지의 타프롬 사원은 몇백 년이 지나도록 관리를 하지 않아서 무성하게 자란 나무의 뿌리들이 건축물 사이로 파고들어 갔어."

"뭐? 나무뿌리가 건물을 망가뜨린다고?"

초롱이가 놀라며 말했어요.

뿌리의 힘이 정말 대단하구나.

앙코르 유적지의 타프롬 사원
키가 크고 거대한 나무들이 사원의 단단한 벽 사이에 뿌리를 내린 채 자라고 있다.

뿌리는 어떻게 생겼을까?

"그런데 작은 씨앗에서 어떻게 그렇게 큰 식물이 되는 거지? 마술 같아."

초롱이의 물음에 콩콩 공주는 신나서 설명하기 시작했어요.

"응. 씨가 싹 트기 위해서는 적당한 온도와 수분이 필요해. 씨가 물을 흡수하면 씨의 눈 부분에서 어린뿌리가 나와. 어린뿌리는 점차 자라면서 흙 사이를 파고들게 돼. 강낭콩의 경우에는 두 개의 떡잎이 나면서 흙 밖으로 나와. 그리고 떡잎 사이로 본잎이 나오지. 떡잎은 본잎이 날 때까지 양분을 공급해 주는 역할을 해. 본잎이 어느 정도 자라면 떡잎은 누렇게 말라 떨어져."

"그렇구나. 그런데 여기 식물들은 뿌리가 각각 다르게 생겼어."

초롱이는 주변을 둘러보다 어떤 식물은 뿌리가 아주 길고 넓게 퍼져 있

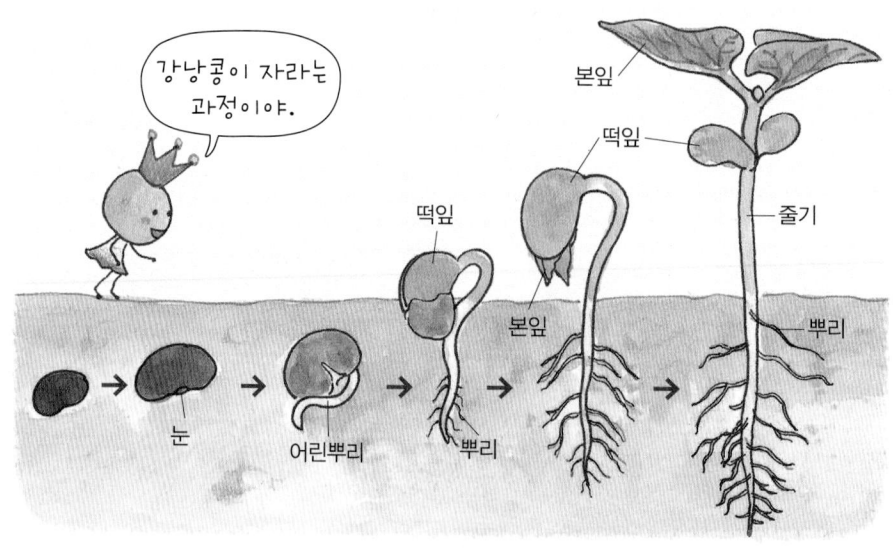

강낭콩이 자라는 과정이야.

본잎

떡잎

떡잎

줄기

본잎

눈

어린뿌리

뿌리

뿌리

고, 어떤 식물은 수염처럼 짧은 뿌리가 나 있는 것을 발견했어요. 콩콩 공주는 식물의 뿌리를 가리키며 설명을 시작했어요.

"이 뿌리는 민들레 뿌리인데 원뿌리와 곁뿌리로 이루어져 있어. 가운데 굵은 뿌리를 원뿌리, 그 옆에 가는 뿌리들을 곁뿌리라고 하지. 이런 뿌리를 곧은뿌리라고 해. 그리고 이건 파 뿌리야. 파의 뿌리는 마치 수염처럼 생겨서 수염뿌리라고 해."

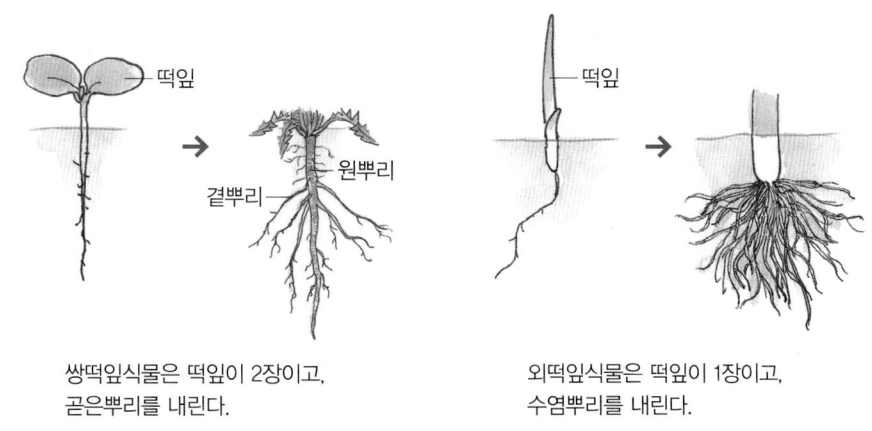

쌍떡잎식물은 떡잎이 2장이고, 곧은뿌리를 내린다.

외떡잎식물은 떡잎이 1장이고, 수염뿌리를 내린다.

"아, 그렇구나. 그런데 왜 식물마다 뿌리의 생김새가 다른 거지?"

"그건 식물의 종류가 **다르기 때문이야.** 아까 강낭콩은 처음 싹이 틀 때 두 개의 떡잎이 있다고 했지? 그래서 쌍떡잎식물이라고 불러. 그런데 식물 중에는 떡잎이 하나인 것도 있어. 이러한 식물을 외떡잎식물이라고 하는데 벼, 강아지풀, 파 같은 식물이야."

"**그렇구나.** 쌍떡잎식물과 외떡잎식물. 꼭 기억해 두어야겠다. 그런데 곁뿌리에 솜털 같은 게 많이 나 있는데'?"

민들레의 곁뿌리를 **자세히** 살펴보던 초롱이가 말했어요.

"아, 그건 뿌리털이야. 뿌리털은 뿌리 전체의 면적을 넓혀 땅속에서 더 많은 물을 빨아들일 수 있게 해 줘."

콩콩 공주는 조금 더 설명을 덧붙였어요.

"모종이나 나무를 옮겨 심을 때 뿌리에 흙이 붙어 있는 상태로 옮겨 심는데, 그 이유는 뿌리와 흙이 떨어지면 뿌리털도 함께 떨어져 나가 옮겨 심은 후 물을 충분히 흡수하지 못하기 때문이야."

"아, 그래서 할머니가 밭에 모종을 심을 때 흙덩어리가 붙은 채로 심으셨구나."

초롱이가 눈을 반짝이며 말했어요.

"응, 뿌리가 잘 붙어 있어야 식물이 튼튼하게 자랄 수 있어."

초롱이가 갑자기 밭이 있는 쪽으로 콩콩 공주를 데리고 갔어요.

"여기쯤 무랑 당근이 있을 텐데. 아, 여기 있다. 콩콩 공주! 무하고 당근도 뿌리인 거야? 아까 봤던 민들레나 파 뿌리와는 생김새가 좀 다른데?"

"무와 당근도 뿌리야. 뿌리는 물을 흡수하고 식물을 지탱하는 것 외에도 양분을 저장해. 이런 뿌리를 저장뿌리라고 해."

무와 당근은 저장뿌리야.

아, 무와 당근은 뿌리를 먹는 거구나.

"**우아**, 그렇구나. 무와 당근을 뿌리라고 생각하지 못했어."

콩콩 공주는 뿌리에 대해 좀 더 많은 이야기를 들려주었어요.

"뿌리는 사는 환경에 따라 모습이 변하기도 해. 예를 들어 물속에서 자라는 맹그로브는 갯벌에 뿌리를 내리고 자라. 그런데 갯벌에는 산소가 거의 없어서 뿌리의 일부를 물 위로 드러내어 숨을 쉬어. 또 겨우살이는 다른 나무에 뿌리를 내리고 달라붙어 양분과 물을 빨아 먹고 살아. 이런 식물을 기생 식물이라고 해."

맹그로브
진흙이 많은 갯벌이나 바닷가에 뿌리를 내리고 자란다. 뿌리의 일부는 수면 위로 나와 있다.

겨우살이
빨대 모양의 변형된 뿌리를 다른 나무줄기에 뻗어 물과 양분을 흡수한다.

"뿌리에 대해 알고 나니 식물의 다른 부분도 궁금해지는걸?"

초롱이가 눈을 **초롱초롱하게** 빛내며 말했어요.

"그럼 우리 식물 속으로 들어가 볼까?"

"식물 속으로 들어간다고? 그게 가능해?"

초롱이가 깜짝 놀라자 콩콩 공주가 **씩 웃으며** 다가왔어요. 콩콩 공주가 주문을 외우자 초롱이는 어디론가 몸이 스르륵 빨려 들어가는 것을 느꼈어요.

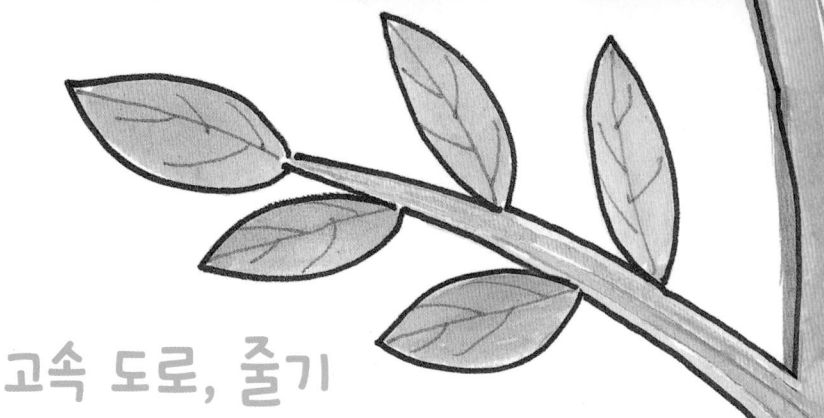

식물의 고속 도로, 줄기

초롱이가 꼭 감고 있던 눈을 떴어요. 자세히 보니 초롱이와 콩콩 공주는 흐르는 물 위에 떠서 흘러가고 있었어요.

"우아, 내 몸이 물에 떠 있어. 마치 물놀이를 하는 것 같아."

"우리가 지나가고 있는 곳은 뿌리의 물관이야. 뿌리에서 빨아들인 물이 이동하는 통로지. 이제 줄기의 물관으로 들어갈 거야. 이 길을 따라 쭉 가면 잎까지 갈 수 있어."

초롱이와 콩콩 공주는 물길이 넓어지는 곳으로 흘러 들어갔어요.

"와, 줄기 안은 이렇게 생겼구나! 신기하고 신나."

"줄기에는 물관 외에도 체관이라는 통로도 있어. 물관과 체관은 우리 몸의 혈관처럼 식물의 구석구석에 퍼져 있어."

"그렇구나. 그럼 줄기는 어떤 일을 해?"

초롱이가 궁금한 듯이 콩콩 공주에게 다가가며 물었어요.

"줄기는 물과 양분의 이동 통로야. 물관은 물이 이동하는 통로이고, 체관은 잎에서 만든 양분이 이동하는 통로야. 무나 당근 같은 식물은 체관을 통해 뿌리에 양분을 저장하지."

"그럼 쌍떡잎식물과 외떡잎식물은 줄기의 모습도 달라?"

"응. 쌍떡잎식물은 물관과 체관이 줄기 둘레에 가지런하게 있지만 외떡잎식물은 줄기 전체에 불규칙하게 흩어져 있어."

"아, 그렇구나. 어떻게 생겼는지 궁금해."

"궁금하면 나중에 확인해 봐. 내가 방법을 알려 줄게. 봉선화나 옥수수 줄기를 붉은 잉크에 담근 다음, 4~5시간 지난 뒤에 줄기를 가로와 세로로 잘라 보면 물관이 붉게 물든 것을 볼 수 있지."

콩콩 공주의 이야기를 듣던 초롱이는 줄기가 또 어떤 역할을 하는지 궁금하다고 했어요. 그러자 콩콩 공주가 자세히 설명해 주었어요.

"줄기에는 잎, 꽃, 열매가 붙어 있고, 또 양분을 저장하기도 해. 우리가 먹는 토란, 감자, 사탕수수 등은 줄기에 양분을 저장하는 식물이야."

"우아, 난 감자튀김 좋아하는데 감자가 줄기 부분이었구나. 신기해."

"사는 환경에 따라 변형된 줄기도 있어. 덥고 비가 적게 오는 사막의 선인장은 물을 저장하기 위해 줄기가 두껍게 변했어. 또 탱자나무는 다른 동물에게 먹히지 않으려고 줄기가 가시로 변했지."

"식물도 살아남기 위해 많은 노력을 하는구나."

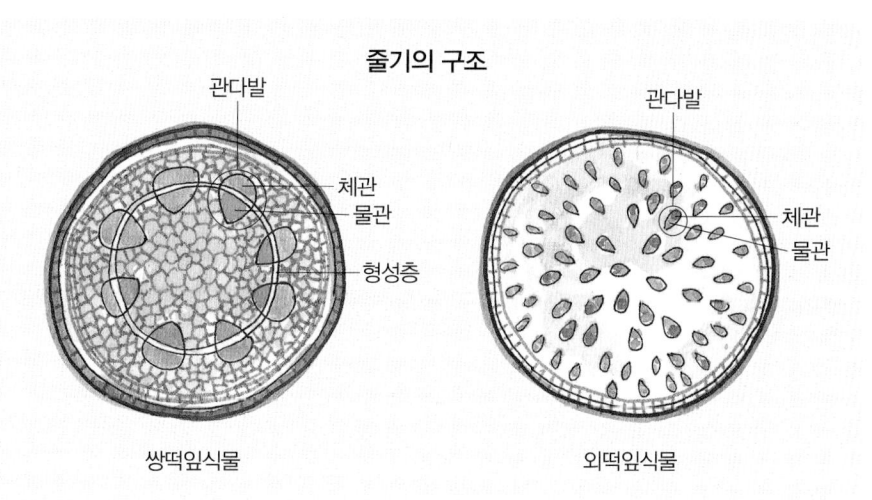

줄기의 구조

쌍떡잎식물

외떡잎식물

물관과 체관 관찰하기

줄기의 물관으로 물이 이동하는 것을 직접 관찰해 볼까요?

준비물 백합, 봉선화, 빨간색 물감, 파란색 물감, 유리컵 4개, 물, 칼

실험 방법

칼을 사용해야 하니까 반드시 부모님과 함께 해야 해.

① 칼로 백합과 봉선화의 줄기를 세로로 잘라 반으로 나눈다.

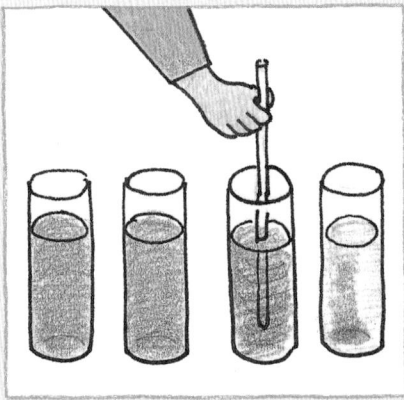

물감을 진하게 타야 결과가 잘 보여.

② 유리컵 2개에는 빨간색 물감을 물에 타고, 나머지 2개에는 파란색 물감을 물에 타서 잘 휘젓는다.

 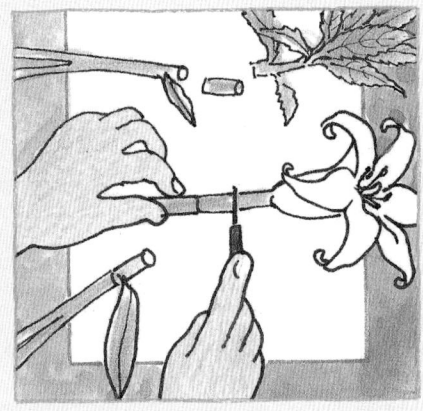

③ 백합과 봉선화의 줄기를 한 쪽씩 빨간색 물과 파란색 물에 각각 담그고, 햇빛이 잘 드는 창가에 하루 동안 둔다.

④ 백합과 봉선화의 반으로 자르지 않은 위쪽 줄기 부분을 가로로 잘라 관찰해 본다.

실험 결과

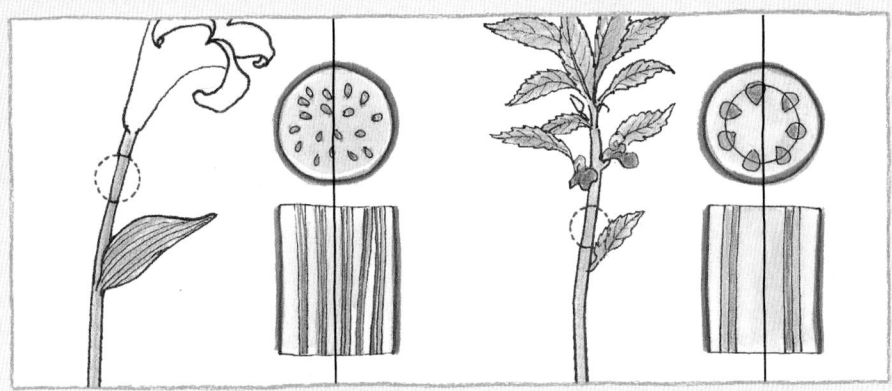

백합과 봉선화 모두 관다발의 반쪽만 빨간색 또는 파란색으로 물들어 있다.

식물의 줄기에는 물과 양분이 지나가는 통로인 관다발이 있다. 관다발은 물관, 체관으로 이루어져 있다. 물관은 뿌리가 빨아들인 물과 무기 양분이 지나가는 길이고, 체관은 잎에서 광합성으로 만들어진 포도당이 지나가는 길이다. 빨간색이나 파란색으로 물든 부분이 바로 물관이다. 물관 속 물은 서로 섞이지 않는다. 빨간색으로도 파란색으로도 물들지 않은 바깥쪽 부분이 체관이다.

잎의 모양은 다양해

줄기를 따라 이동하다 보니 계속 갈라지는 길이 나타났어요.

"저기 갈라지는 길로 가면 멉가 나외?"

"줄기에 붙어 있는 **수많은** 잎으로 가게 되지. 잎으로 한번 가 볼래?"

콩콩 공주는 초롱이와 함께 잎 쪽으로 이동했어요.

"주변에 있는 식물의 잎을 살펴보면 생김새가 매우 다양한데, 잎의 구조는 비슷해. 일반적인 잎의 기본 구조는 잎몸, 잎맥, 잎자루 등으로 이루어져 있어. 잎몸에 있는 잎맥은 물과 양분이 지나가는 통로로, 줄기와 연결되어 있지. 대부분 외떡잎식물의 잎맥은 나란히맥이고, 대부분 쌍떡잎식물의 잎맥은 그물맥이야."

"아, 그럼 우리가 지나온 길이 잎맥이구나. 잎을 더 자세히 보고 싶어."

초롱이가 말하자 콩콩 공주가 '**콩콩**' 하고 외쳤어요. 그러자 물 위를 흘

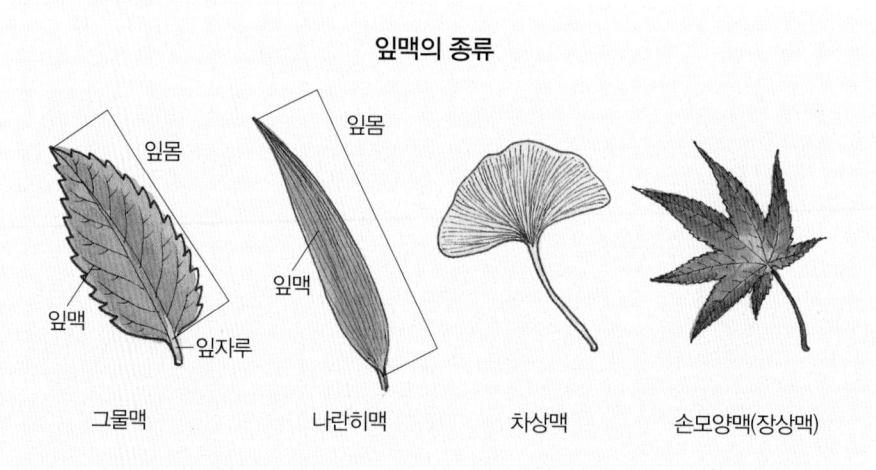

잎맥의 종류

잎몸 / 잎맥 / 잎자루

그물맥   나란히맥   차상맥   손모양맥(장상맥)

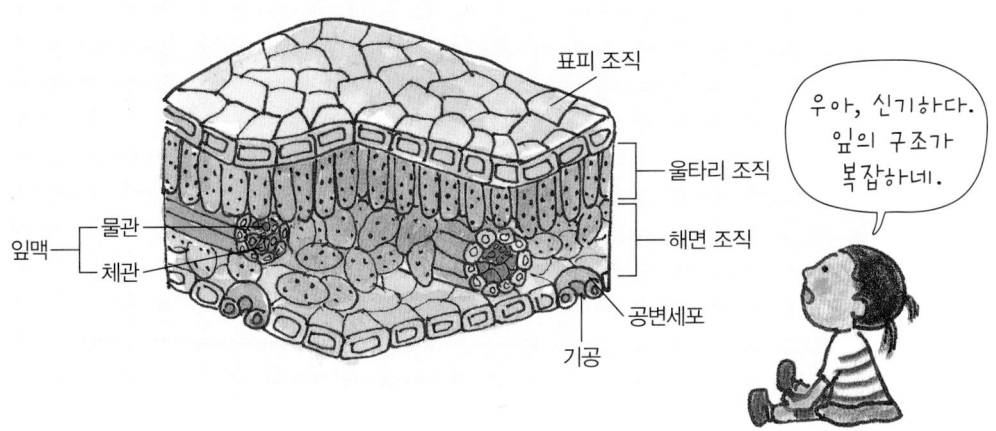

잎의 구조

표피 조직
울타리 조직
해면 조직
공변세포
기공
잎맥
물관
체관

우아, 신기하다. 잎의 구조가 복잡하네.

러가던 콩콩 공주와 초롱이의 몸이 멈췄어요.

"잎 속을 보려면 현미경이 필요해. 잎을 아주 **얇게** 잘라 현미경으로 관찰하면 세포를 볼 수 있어. 지금은 현미경이 없으니 모니터로 보여 줄게."

콩콩 공주가 휘파람을 불자 모니터가 나타났어요.

"이 그림은 잎의 표피 조직, 울타리 조직, 해면 조직, 잎맥, 기공이야."

"**어휴, 어려워.** 무슨 조직이 그렇게 많아?"

초롱이가 인상을 찌푸리자 콩콩 공주가 빙긋 웃으며 말했어요.

"잎에서는 많은 일들이 일어나. 그래서 여러 조직이 필요한 거야."

"그렇구나. 그런데 잎도 줄기처럼 환경에 따라 모습이 달라져?"

"그럼, 식물의 잎도 환경에 적응해서 **다양한** 모양으로 변형되었어. 예를 들어 건조한 지역에 사는 선인장의 잎은 가시 모양이야. 그래서 물이 증발하는 것을 막아 주고 동물이 자신을 먹지 못하게 보호하지. 알로에의 잎은 물을 저장할 수 있도록 두껍게 변형되어 있어서 잎을 자르면 저장된 즙

이 나와. 또 완두의 잎은 덩굴손으로 변형되어 다른 식물이나 지지대를 감아 자신을 지탱하며 기어오르지."

"와, 식물들은 환경에 정말 잘 적응하는구나."

콩콩 공주가 빙그르르 돌자 예쁜 빨간색 꽃이 모니터에 나타났어요.

"어? 크리스마스 때 많이 장식하는 꽃이네."

초롱이가 손뼉을 탁 치며 아는 척을 했어요.

"이 식물의 이름은 포인세티아라고 해. 네가 꽃이라고 생각한 붉은색 부분은 꽃잎처럼 보이지만 꽃잎이 아니라 잎이 변형된 거야."

"정말? 색만 보면 꽃 같은데……."

초롱이는 잎이 꽃처럼 색이 예쁘다니 믿을 수가 없었어요.

"초롱아, 혹시 곤충을 잡아먹는 식물을 아니?"

"뭐? 식물이 곤충을 잡아먹는다고? 어떻게 그럴 수 있지?"

포인세티아
잎이 꽃처럼 빨갛고 예쁘게 생겼다.
포인세티아의 꽃은 연한 노란빛을 띤
녹색으로 지름이 6mm 정도로 작다.

초롱이는 소스라치게 놀랐어요.

"응. 작은 곤충을 잡아먹는 식물을 식충 식물이라고 해. 파리지옥, 끈끈이주걱 같은 식물이 있어. 이 식물들은 왜 곤충을 잡아먹을까?"

콩콩 공주가 초롱이에게 질문했어요.

"글쎄, 잘 모르겠어. 곤충이 정말 맛있는 걸까?"

초롱이가 영 모르겠다는 표정으로 고개를 갸우뚱거리며 말했어요.

"파리지옥과 같은 식충 식물이 사는 곳은 물속이나 습지여서 식물이 자라는 데 필요한 양분이 부족해. 그래서 식충 식물은 부족한 양분을 곤충으로 보충하는 거야."

"아, 그렇구나. 그런데 식물이 어떻게 곤충을 잡아먹어?"

"파리지옥은 파리를 잡아먹으려고 무시무시하게 입을 벌리고 있지. 사실 그것은 입이 아니라 잎이야. 잎이 곤충을 잡을 수 있도록 변형된 거지. 파리지옥의 잎에는 곤충을 유혹하는 분비샘이 있고, 촉각을 느끼는 감각모가 있어서 곤충이 잎에 앉으면 순식간에 잎의 양면이 닫혀. 이렇게 파리지옥은 곤충을 잡는 거야."

"와, 대단하다. 식물이 곤충이 온 걸 느껴서 움직이다니."

초롱이는 입을 쩍 벌렸어요.

집에서 기르면 파리가 싹 없어지겠는걸.

파리지옥
주로 늪지대나 이끼 낀 습지에서 자란다. 잎은 조개와 비슷한 모습을 하고 있다. 잎 안쪽에 감각을 느낄 수 있는 작은 털이 있어 벌레가 건드리면 잎의 양쪽이 오므라들어 닫힌다.

식물은 양분을 어떻게 만들까?

"아, 배고파."

초롱이의 배에서 **꼬르륵꼬르륵** 소리가 났어요.

"그러고 보니 여기 들어온 지 꽤 지났네. 초롱이는 뭘 좀 먹어야겠구나."

"콩콩 공주, 넌 배 안 고파?"

"나는 스스로 양분을 만들 수 있어서 배고픔을 느끼지 않아."

"진짜? 부럽다. 그런데 어떻게 양분을 만드는 거야?"

초롱이는 스스로 양분을 만들 수 있다는 콩콩 공주가 **부러웠어요.**

"우리는 광합성을 통해 스스로 양분을 만들어 내. 광합성이란 식물이 빛, 물, 이산화탄소를 사용해 포도당과 산소를 만들어 내는 과정을 말해. 광합성은 식물의 잎에 있는 엽록체에서 일어나."

"아까 잎의 구조에서 보았던 아주 작은 초록색 알갱이가 엽록체야?"

"그래, 맞아. 엽록체 속에는 녹색을 띠는 엽록소라는 색소가 있어서 식물의 잎이 녹색을 띠는 거야."

초롱이는 고개를 **끄덕였어요.**

"초롱아, 식물이 광합성을 할 때 빛 에너지가 필요하다고 했지? 이때 빛은 엽록체에 있는 엽록소가 흡수해. 또 이산화탄소는 잎의 기공을 통해 들어와서 광합성의 원료로 이용되지. 광합성을 할 때는 물도 필요해. 물이 부족하면 광합성이 일어나지 않아 식물이 잘 자라지 못해."

"아, 식물이 자라는 데 필요한 양분을 만드는 과정이 광합성이구나."

"맞아. 식물은 광합성으로 포도당을 만들지. 그런데 포도당을 그대로 보

광합성이 밝혀지기까지

관하지 않고 녹말로 바꾼 다음 저장해. 이렇게 저장된 양분은 식물의 생명 활동에 사용되지. 또 사람이나 동물이 식물을 먹으면 다양한 생명 활동에 필요한 에너지원을 얻을 수 있어."

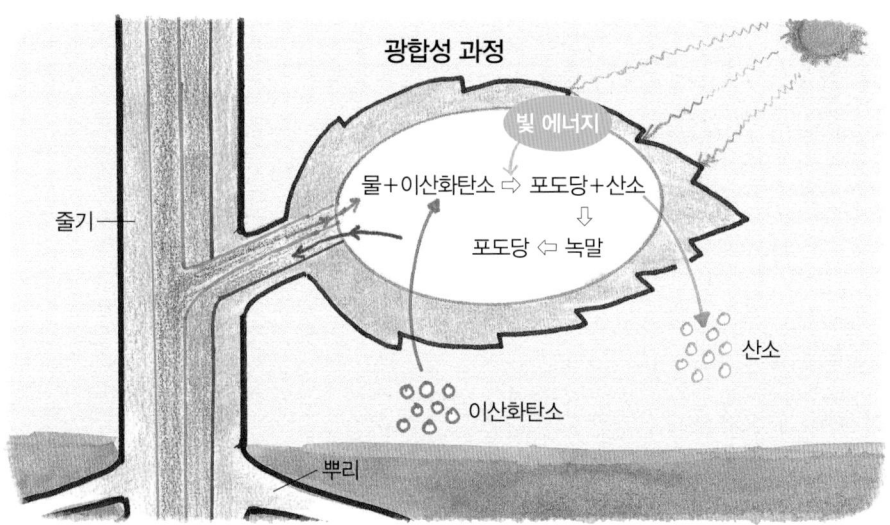

식물은 햇빛, 물, 이산화탄소와 엽록체가 있어야 광합성을 한다. 광합성 과정에서 포도당과 산소가 만들어지는데 포도당은 물에 잘 녹는 성질이 있다. 그래서 식물은 포도당을 물에 잘 녹지 않고 저장하기 쉬운 녹말로 바꾸어 저장한다.

"우아, 식물은 **대단한** 일을 하는구나."

"그것뿐만이 아니야. 만약 광합성을 하지 않으면 식물은 죽게 돼. 식물이 죽으면 산소로 호흡하는 생물도 산소가 부족해서 죽게 될 거야. 또 초식 동물도 먹이가 없어 죽겠지. 그러면 초식 동물을 먹고 사는 육식 동물도 살 수가 없을 거야. 식물은 이렇게 생태계에서 중요한 역할을 해."

초롱이는 식물의 광합성이 지구 상의 모든 생물이 살아가는 데 큰 영향을 끼친다는 사실이 **놀라웠어요.**

단풍이 드는 이유

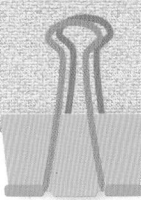

식물이 녹색을 띠는 것은 엽록소 때문이다. 엽록소는 영어로 클로로필(chlorophyll)이라고 하는데, 이 말은 그리스 어에서 온 것으로 초록색을 의미하는 '클로로스(chloros)'와 잎을 의미하는 '필론(phyllon)'을 합쳐서 만든 말이다. 또 잎에는 엽록소 이외에 카로티노이드계 색소도 들어 있다. 카로티노이드는 오렌지색이나 노란색 또는 붉은색을 띤다. 이 색소들 중에서 식물의 잎에 제일 많이 들어 있는 것은 엽록소이다. 잎이 초록색으로 보이는 것은 엽록소와 카로티노이드의 혼합에 의한 것이다. 즉 색소들의 혼합 비율에 따라 잎의 색깔이 달라진다.

가을이 되면 나무는 겨울을 나기 위해 나뭇잎으로 가는 물과 영양분을 차단한다. 이때 나뭇잎에 들어 있던 엽록소는 파괴되면서 양이 줄고, 결국 나뭇잎의 녹색은 점차 사라지게 된다. 그 대신 녹색의 엽록소 때문에 보이지 않던 카로티노이드 색소가 잘 보이게 되어 붉은 단풍이 드는 것이다.

뿌리에서 흡수한 물은 어디로 갈까?

콩콩 공주는 배가 고픈 초롱이를 위해 식물이 만든 녹말을 이용해 빵을 만들어 주었어요. 초롱이가 이제껏 먹었던 빵 중에서 **최고로** 맛있었어요. 콩콩 공주는 초롱이에게 시원한 물도 가져다주었어요.

"콩콩 공주야, 고마워. 그런데 이 물은 뭐야?"

초롱이는 볼록 나온 배를 **통통** 두드리며 말했어요.

"뿌리털에서 빨아들인 물이야. 뿌리에서 흡수한 물은 광합성을 비롯한 생명 활동에 쓰이고, 남은 물은 수증기가 되어 기공을 통해 잎 밖으로 나가. 이처럼 뿌리에서 흡수한 물이 잎의 기공을 통해 수증기 상태로 증발하는 현상을 증산 작용이라고 해. 기공은 잎의 뒷면에 두 개의 공변세포로 둘러싸여 있어. 기공이 열리면 수분이 **빠져나가고**, 기공이 닫히면 수분이 빠져나가지 않아."

"매번 기공을 열고 닫는 것은 **귀찮은** 일일 것 같아."

식물의 증산 작용

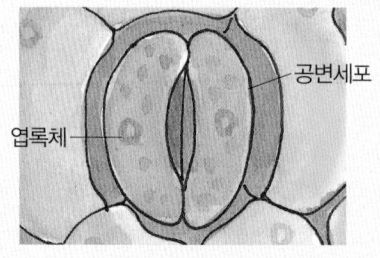

잎의 기공이 닫혀 있을 때의 모습이다.
물이 부족하면 잎의 기공은 닫힌다.

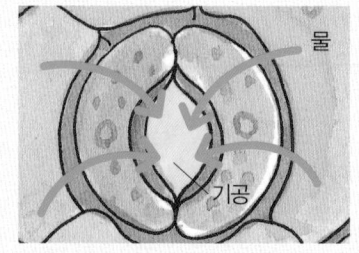

잎의 기공이 열려 있을 때의 모습이다.
물이 많으면 잎의 기공이 열린다.

"귀찮아도 증산 작용은 식물이 살아가는 데 꼭 필요해. 공변세포는 물이 부족하면 기공을 닫고, 물이 많으면 기공을 열어. 그래서 증발하는 물의 양을 조절하고, 식물 안쪽의 온도가 높아지지 않게 해. 마치 사람이 땀을 흘려 체온을 조절하듯 말이야. 여름철 숲이 시원한 이유도 나무가 햇빛을 가려 주고, 식물의 증산 작용으로 주변 온도가 낮아지기 때문이야."

"아, 그래서 여름에 숲속으로 가면 시원하구나."

"그럼 여기서 문제 하나! 증산 작용은 어떤 날 잘 일어날까? 힌트는 빨래가 잘 마르는 날을 생각하면 돼."

"빨래는 건조하고 바람이 부는 날에 잘 말라. 그러니까 햇빛이 강하고, 온도가 높고, 바람이 잘 불고, 습도가 낮은 날!"

초롱이는 곰곰이 생각하다 말했어요.

"맞아, 제법이야. 맑은 날에는 기공이 잘 열려 증산 작용이 활발하게 일어나. 초원이나 사막 같은 건조한 지역에서는 식물에 비닐을 씌워 두어 증산 작용으로 빠져나간 수증기로 물을 얻기도 해."

"식물의 작용이 우리 생활에 영향을 많이 주는구나."

"그래. 이제 우리는 기공을 통해 밖으로 나가자."

콩콩 공주가 초롱이의 손을 잡고 기공을 빠져나온 순간, 몸이 다시 커졌어요.

잎이 없는 쪽은 물이 고이지 않는구나.

증산 작용 실험
잎이 있는 가지와 잎이 없는 가지에 비닐봉지를 씌우면 잎이 있는 쪽의 비닐봉지에만 물방울이 생긴다. 이것은 식물 속의 수분이 잎의 기공을 통해 수증기 상태로 증발하는 증산 작용 때문이다.

바람에 날리는 꽃가루

"에취, 에취."

초롱이는 갑자기 터지는 재채기에 정신을 차릴 수 없었어요.

"에잇, 이게 다 꽃가루 때문이야. 꽃가루가 다 없어져 버렸으면 좋겠어."

초롱이는 꽃가루를 보며 투덜거렸어요. 꽃가루 알레르기가 있는 초롱이는 해마다 꽃가루가 날리는 계절이 되면 재채기로 고생을 해요.

"꽃들이 사람을 괴롭히려고 꽃가루를 날려 보내는 것은 아니야. 예쁜 꽃이 피는 것도 사람에게 잘 보이려는 게 아니라 자손을 남기기 위해서야."

콩콩 공주가 **화가 잔뜩 난** 초롱이를 달래며 말했어요.

"아, 그래? 그런 것도 모르고 내가 너무 투덜거렸나?"

콩콩 공주의 이야기를 들은 초롱이는 식물에게 조금 **미안해졌어요.**

꽃의 구조

암술대 · 암술머리 · 꽃밥 · 꽃잎 · 수술대 · 씨방 · 꽃받침 · 밑씨

암술머리, 암술대, 씨방을 암술이라고 하고,
수술대와 꽃밥을 수술이라고 한다. 꽃잎은
암술과 수술을 보호하고, 꽃받침은 꽃잎을
받쳐 주고 보호한다.

"꽃에 대해 좀 더 자세히 알려 줘."

"꽃은 암술, 수술, 꽃잎, 꽃받침으로 이루어져 있어."

"그건 나도 알아. 예전에 아빠가 식물원에서 알려 준 적이 있어."

초롱이가 콩콩 공주의 말에 맞장구치며 말했어요.

"그럼 꽃을 어떻게 나눌 수 있는지도 알아?"

"음, 색깔로 나누거나 생김새로 나

눌 수 있겠지."

"그것도 틀린 건 아니지만 보통은 좀 더 **명확한** 기준으로 나눠. 대표적인 구분 방법으로는 꽃잎이 붙어 있는 모양이야. 개나리, 진달래처럼 꽃잎이 통으로 붙어 있는 통꽃과 봉선화, 벚꽃처럼 꽃잎이 하나씩 떨어져 있는 갈래꽃이 있어. 또 분꽃, 나팔꽃처럼 암술, 수술, 꽃잎, 꽃받침이 모두 있는 갖춘꽃과 백합, 튤립처럼 꽃을 이루는 네 가지 구조 중 어느 한 가지가 없는 안갖춘꽃으로도 구분할 수 있지."

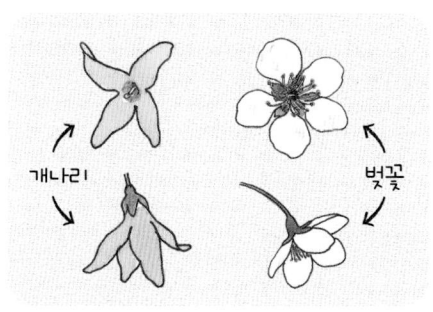

통꽃과 갈래꽃
개나리는 꽃송이가 꽃잎 한 장으로 되어 있는 통꽃이고, 벚꽃은 꽃송이가 여러 장의 꽃잎으로 되어 있는 갈래꽃이다.

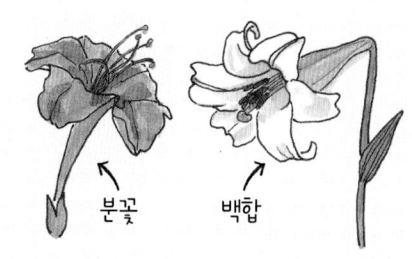

갖춘꽃과 안갖춘꽃
분꽃은 암술과 수술, 꽃잎, 꽃받침이 모두 있어 갖춘꽃이고, 백합은 꽃받침이 없어 안갖춘꽃이다.

"꽃의 구조는 다 똑같은 줄 알았는데 자세히 보면 모두 다르네."

초롱이는 **호기심** 가득한 표정으로 콩콩 공주를 보았어요.

"초롱이가 꽃에 관심이 많구나."

"히히, 꽃은 예쁘잖아. 그래서 난 꽃이 제일 좋아."

"그래. 꽃은 향도 좋고 화려하지. 그런데 식물은 번식을 위해 꽃을 피우는 거야."

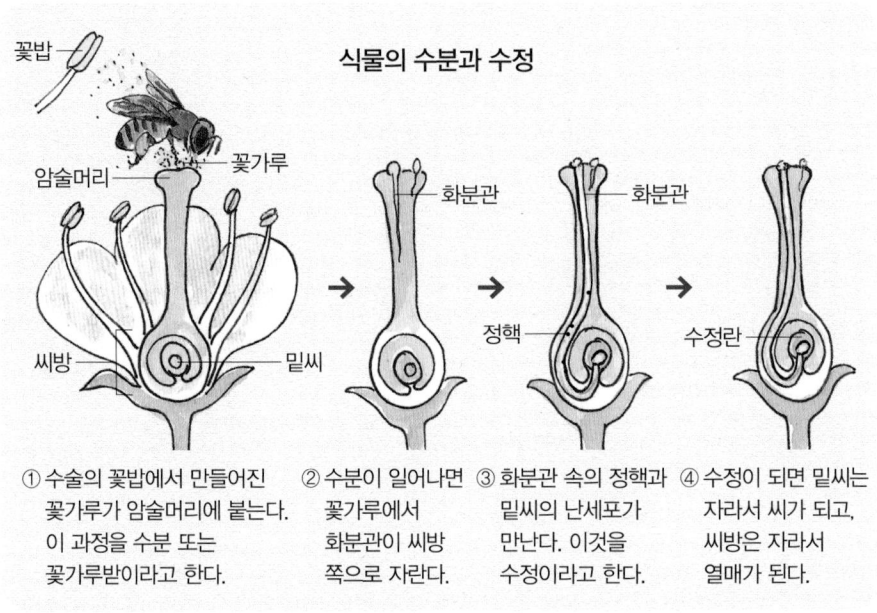

식물의 수분과 수정

꽃밥

암술머리 ── 꽃가루

화분관

화분관

씨방 ── 밑씨

정핵

수정란

① 수술의 꽃밥에서 만들어진 꽃가루가 암술머리에 붙는다. 이 과정을 수분 또는 꽃가루받이라고 한다.

② 수분이 일어나면 꽃가루에서 화분관이 씨방 쪽으로 자란다.

③ 화분관 속의 정핵과 밑씨의 난세포가 만난다. 이것을 수정이라고 한다.

④ 수정이 되면 밑씨는 자라서 씨가 되고, 씨방은 자라서 열매가 된다.

"꽃이 어떻게 번식을 해?"

"그건 모니터를 보면서 알려 줄게."

콩콩 공주가 휘파람을 불자 모니터가 나타났어요.

"자, 여길 봐. 이것은 꽃의 단면이야. 암술에서 수분과 수정이 일어나서 씨가 만들어지지."

"오, 씨가 만들어지려면 수분과 수정이 필요하구나."

"그렇지. 수분은 식물에게 굉장히 중요해. 꽃들은 수분의 성공률을 높이기 위해 여러 가지 방법을 사용해."

"어떤 방법?"

"아까 꽃이 예쁘다고 했었지? 꽃이 향기롭고 화려한 이유는 곤충을 유혹하기 위해서야. 곤충이 제 몸에 수술 꽃가루를 묻힌 다음 다른 꽃으로 옮겨 가면 꽃가루가 암술머리에 옮겨지게 돼. 이런 꽃을 충매화라고 하지. 개나리, 달맞이꽃 등 대부분의 꽃들이 충매화야."

"그렇구나. 그런데 이 꽃가루는 왜 이렇게 날아다니는 거야?"

초롱이는 재채기를 하며 주변에 날아다니는 꽃가루를 가리켰어요.

"그건 꽃들이 꽃가루를 바람에 실어 **멀리** 날려 보내기 때문이야. 이런 꽃을 풍매화라고 하는데, 대부분 꽃이 작고 수수하거나 향기와 꿀샘이 없어. 소나무, 은행나무, 벼 등이 풍매화야."

"아, 그래서 꽃가루를 많이 만드는구나. 사람들은 **괴롭지만** 식물에게는 자손을 남기기 위해 꼭 필요한 일이네."

초롱이는 코가 간지러운지 연신 코를 만지며 고개를 끄덕였어요.

가장 원시적인 꽃, 목련

갖춘꽃이 지구 상에 처음 나타난 때는 약 1억 3500만 년 전이다. 그 당시의 꽃들은 대부분 사라지고 없어 자세한 모양은 알 수 없지만 많은 학자들은 지금의 목련과 비슷하게 생겼을 것이라고 추측한다.

목련은 특이하게도 꽃잎과 꽃받침의 구분이 없고 여러 개의 암술과 수술을 가지고 있다. 또 목련의 수술은 수술대가 없으며 꽃밥은 잎처럼 생겼다. 암술도 암술머리와 암술대의 구분 없이 긴 창처럼 생겼다. 그래서 목련을 가장 원시적인 꽃으로 생각한다.

목련

"그런데 암술과 수술이 함께 있는 꽃들이 많은데 왜 굳이 다른 꽃들과 수분을 하려는 거야?"

초롱이는 잘 이해할 수 없었어요.

"그건 여러 세대 동안 한 꽃 안에서 수분을 하게 되면 자손이 유전적으로 동일해져 변화된 환경에 적응하기 힘들기 때문이야. 사람들이 가까운 친척과 결혼을 하지 않는 것과 마찬가지 이유지."

초롱이는 유전이라는 말이 어려웠지만, 식물이 환경에 적응해서 살아가기 위해 여러 가지 방법을 사용한다는 것은 알 수 있었어요.

에취!

고약한 냄새를 풍기는 꽃

꽃은 흔히 아름답고 향기롭다고 생각하지만, 고약한 냄새가 나거나 이상하게 생겼거나 독이 있는 꽃도 있다. 인도네시아 수마트라 섬에 있는 타이탄 아룸이라는 꽃은 다 자라면 키가 2.5m가 넘는다고 한다. 그러나 더 놀라운 것은 7년에 한 번씩 꽃이 피는데 꽃이 피었을 때 생선 썩은 냄새가 난다는 것이다. 사실 그건 파리를 유인하기 위한

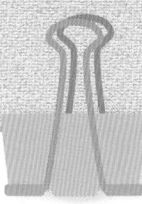

으악,
냄새가
고약해!

타이탄 아룸

냄새이다. 타이탄 아룸은 다른 꽃의 꽃가루를 받아야만 번식이 되는데, 꽃가루를 파리가 옮겨 주기 때문에 고약한 냄새를 풍겨 파리를 유인한다.

라플레시아

라플레시아는 시체꽃 또는 고기꽃이라고 불리는데 고약한 냄새뿐만 아니라 붉은 고기 모양을 띠는 꽃잎을 가지고 있다. 이러한 냄새와 모양을 보고 파리나 쥐가 와서 꽃가루를 옮겨 준다. 라플레시아는 지름이 1m가 넘는 세계에서 가장 큰 꽃이다.

꽃이 지면 열매가 생겨

콩콩 공주의 설명을 조용히 듣던 초롱이가 진지한 표정으로 물었어요.

"수정이 된 꽃에서는 어떤 일이 일어나?"

"수정이 되고 나면 꽃잎과 수술은 시들어 떨어져. 암술 속 씨방에서는 밑씨가 자라 씨가 되는데, 처음에는 작지만 점점 커져. 씨가 자랄 때 씨방은 열매가 되고 씨방의 벽은 열매 껍질이 돼. 보통 우리가 먹는 과일은 이런 과정으로 만들어진 거야."

"아, 그럼 수박은 열매이고, 그 안의 검은 것이 씨구나. 그리고 완두콩은 씨고, 꼬투리는 열매인 거지?"

"응, 맞아. 하지만 씨와 열매를 만든다고 해서 끝이 아니야. 잘 자랄 수 있는 곳에 씨를 퍼뜨리는 일이 남았어."

"음, 수박이나 사과 같은 과일은 먹어도 씨는 소화되지 않고 똥으로 나왔어. 이건 동물에게 먹혀서 퍼지는 방법이지?"

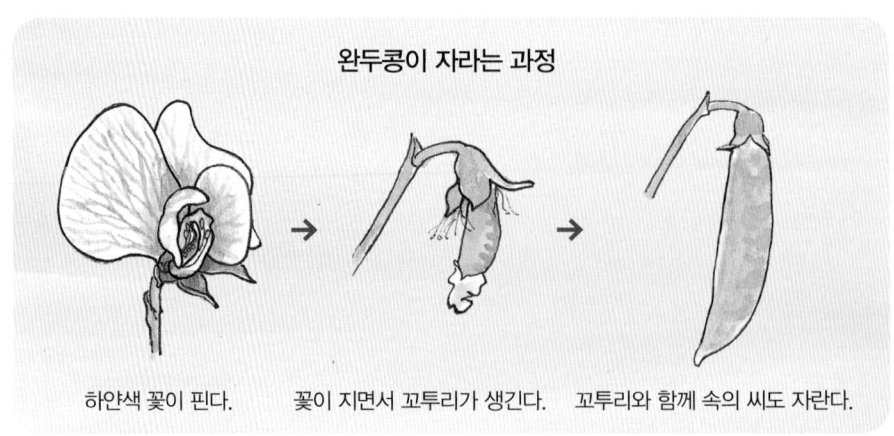

완두콩이 자라는 과정

하얀색 꽃이 핀다.　　꽃이 지면서 꼬투리가 생긴다.　　꼬투리와 함께 속의 씨도 자란다.

초롱이는 눈을 반짝이며 말했어요.

"응, 맞아. 단풍나무, 소나무, 민들레 씨는 바람에 날려서 퍼지고, 도깨비바늘과 도꼬마리의 열매는 겉에 갈고리 모양의 가시가 있어서 동물의 몸에 붙어서 멀리 퍼져. 또 완두와 제비꽃, 봉선화 씨는 꼬투리가 팅기는 힘으로 멀리 퍼지지."

"우아, 씨가 퍼지는 방법도 다양하구나."

콩콩 공주는 다른 번식 방법에 대해서도 이야기했어요.

"하지만 모든 식물들이 씨로 번식하는 것은 아니야. 꽃을 피우는 식물만

동물이 열매를 먹고 배출한 배설물을 통해 씨가 퍼진다.

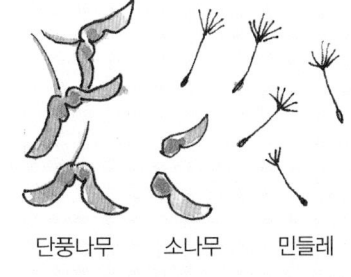

씨의 양이 많고 가벼워 바람에 쉽게 날려 멀리까지 퍼진다.

열매 안의 압력이 작용하여 스스로 열매가 터져 씨가 멀리까지 날아가면서 퍼진다.

열매 겉에 갈고리 모양의 가시가 있어서 동물 몸에 달라붙어 멀리 퍼진다.

말풍선: 홀씨가 연기처럼 뿜어져 나오네!

말불버섯은 자라면 위쪽에 구멍이 생긴다.
이 구멍으로 홀씨가 분출된다.

씨를 만들 수 있어. 고사리, 이끼같이 꽃이 피지 않는 식물은 홀씨로 번식을 해. 홀씨는 현미경으로만 볼 수 있는 매우 작은 알갱이라 바람이나 물을 통해 멀리 퍼질 수 있어. 식물은 아니지만 버섯, 곰팡이 같은 균류도 홀씨로 번식해."

"아아, 머리가 너무 복잡해졌어. 쌍떡잎식물, 수분, 홀씨……."

초롱이의 말에 콩콩 공주는 휘파람을 불어 모니터를 나타나게 했어요.

"히히, 식물은 단순한 생물이 아니야. 그럼 식물의 종류를 크게 나눠서 알려 줄게. 복잡하니까 이 그림을 천천히 살펴봐."

초롱이는 모니터를 뚫어져라 쳐다보았어요.

"아, 그림을 보니 좀 알겠어. 제일 아래부터 보면 관다발이 없는 이끼류가 있네. 이끼류 외에는 모두 관다발이 있고."

"그래, 맞아. 아래부터 보면 꽃이 피지 않는 이끼류와 양치식물이 있어. 나머지는 모두 꽃이 피고. 꽃이 피는 식물은 다시 겉씨식물과 속씨식물로 나뉘는 거야."

"콩콩 공주, 속씨식물은 쌍떡잎식물과 외떡잎식물로 나뉘는 거 맞지?"

초롱이가 방긋 웃으며 말했어요.

"그래, 초롱이가 이제 식물 박사가 되겠는걸."

콩콩 공주가 활짝 웃었어요.

식물의 분류

씨방이 있음.

씨방이 없음.

꽃이 핌.

꽃이 피지 않음.

관다발이 있음.

관다발이 없음.

장미
쌍떡잎식물

옥수수
외떡잎식물

속씨식물

소나무
겉씨식물

고사리
양치식물

솔이끼
이끼류

아, 이제 식물이 어떻게 나뉘는지 알겠어.

5학년 1학기 과학 3. 식물의 구조와 기능

 쌍떡잎식물과 외떡잎식물의 뿌리는 어떻게 다를까?

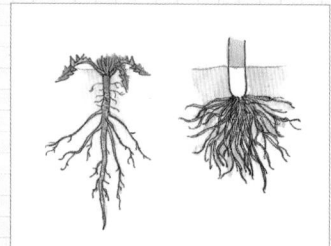

쌍떡잎식물   외떡잎식물

쌍떡잎식물의 뿌리는 굵고 곧게 뻗은 원뿌리와 원뿌리 주변에 가늘게 옆으로 퍼져 나가는 곁뿌리로 구성되어 있다. 이런 뿌리를 가진 쌍떡잎식물에는 봉선화, 당근, 강낭콩 등이 있다.

외떡잎식물의 뿌리는 여러 개의 가는 뿌리가 수염처럼 나 있다. 이런 뿌리를 가진 외떡잎식물에는 옥수수, 벼, 보리 등이 있다.

5학년 1학기 과학 3. 식물의 구조와 기능

 식물의 잎은 어떤 역할을 할까?

 식물의 잎은 광합성 작용을 하여 식물이 성장하는 데 필요한 양분을 만든다. 식물의 잎에 있는 엽록체 속의 엽록소에서 양분이 만들어진다.

또한 잎은 잎 뒷면에 있는 공변세포의 기공으로 숨을 쉬기도 하고, 물을 내보

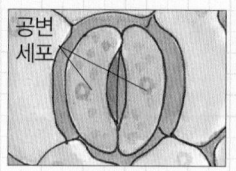

기공이 닫혀 있을 때

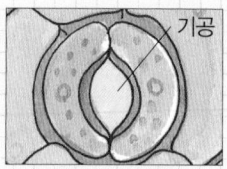

기공이 열려 있을 때

내기도 한다. 공변세포가 열렸다 닫혔다 하면서 숨구멍인 기공을 통해 기체와 수증기가 통과한다.

잎맥의 모양은 어떻게 생겼을까?

잎맥의 모양은 크게 그물맥과 나란히맥으로 나뉜다. 그물맥은 쌍떡잎식물의 잎맥이고, 나란히맥은 외떡잎식물의 잎맥이다. 그물맥은 그물 모양으로 이루어져 있고, 봉선화, 호박, 강낭콩 등에서 볼 수 있다. 나란히맥은 나란한 줄무늬 모양으로, 옥수수, 벼, 보리 등에서 볼 수 있다.

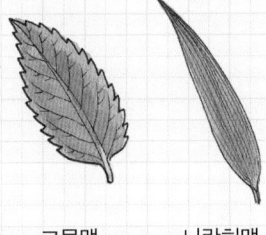

그물맥   나란히맥

물관과 체관이 무엇일까?

물관과 체관은 줄기에 있는 통로이다. 물관은 물이 이동하는 통로로, 뿌리에서 물을 흡수하여 각 조직으로 운반한다. 체관은 양분이 이동하는 통로로, 가늘고 긴 원기둥 모양의 세포가 세로로 이어져 있다.

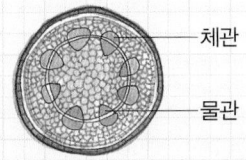

체관

물관

광합성으로 무엇을 만들까?

광합성은 녹색식물의 엽록체에서 태양 에너지를 받아 물과 이산화탄소로 양분인 포도당을 만드는 과정이다. 이때 만들어진 포도당은 식물이 성장할 때 필요한 에너지원이 되고, 일부는 씨, 열매, 땅속줄기, 뿌리 등에 저장된다. 광합성이 일어나면 포도당과 함께 산소가 발생하는데 이것은 동물이 숨을 쉴 때 이용된다.

2장

식물은
멋진 수학자

꽃에서 찾은 수학

초롱이는 콩콩 공주의 설명으로 쌍떡잎식물과 외떡잎식물의 뿌리, 줄기, 잎의 생김새를 구분할 수 있게 되었어요. 그런데 콩콩 공주가 쌍떡잎식물과 외떡잎식물은 꽃에도 차이가 있다고 말했어요.

"뭐? 꽃에도 차이가 있어? 아이, 뭐가 이렇게 복잡해?"

"그렇게 복잡한 것은 아니야. 쌍떡잎식물과 외떡잎식물은 꽃잎의 수가 달라. 쌍떡잎식물의 꽃잎 개수는 4 또는 5의 배수지만 외떡잎식물의 꽃잎 개수는 3장, 6장, 9장 등으로 3의 배수야."

"그럼 꽃잎의 수를 세어 보면 이 식물이 쌍떡잎식물인지, 외떡잎식물인지 구별할 수 있겠네. 우아, 꽃에 이런 수학 법칙이 숨어 있다니……."

초롱이는 꽃잎의 수만 세면 식물의 종류를 알 수 있다는 게 신기했어요.

쌍떡잎식물의 꽃잎
유채꽃과 개나리 등의 꽃잎은 4장이고,
벚꽃과 장미꽃 등의 꽃잎은 5장이다.

외떡잎식물의 꽃잎
보풀과 자주달개비 등의 꽃잎은 3장이고,
수선화와 원추리 등의 꽃잎은 6장이다.

"벌써 놀라긴 일러. 내가 꽃에 숨겨진 비밀을 하나 더 알려 줄게. 여기 그림에는 삼각형, 사각형, 오각형, 육각형이 숨겨져 있는데 어디 있는지 한번 찾아봐."

콩콩 공주는 모니터를 가리키며 말했어요.

"난 숨은그림찾기는 자신 있어. 꽃밭에서 도형을 찾으면 된다는 거지?"

꽃에서 삼각형,
사각형, 오각형,
육각형을 찾았어!

초롱이는 꽃밭 그림을 자세히 살펴보더니 꽃에 숨어 있는 도형들을 모두 찾아냈어요.

"우아, 잘 찾는데? 그럼 각 꽃잎 사이의 각도는 각각 얼마일까?"

초롱이는 머릿속으로 각 도형의 각도를 계산하기 시작했어요.

"음. 360°를 각 도형의 각의 개수로 나누면 삼각형은 360°÷3=120°이고, 사각형은 360°÷4=90°, 오각형은 360°÷5=72°, 육각형은 360°÷6=60°야."

"와, 맞았어. 대단하네! 초롱이 너의 수학 실력을 인정!"

콩콩 공주가 초롱이에게 엄지손가락을 **척** 올려 보였어요.

"그런데 꽃은 각도기도 없이 어떻게 정확히 각도를 맞출 수 있을까?"

"에헴, 그게 바로 식물의 신비로움이야."

콩콩 공주는 **잘난 척**하며 말했어요.

식물에 숨어 있는 피보나치수열

"혹시 또 식물과 관련된 수학 이야기 없어? 학교에서 배우는 수학은 어려운데 너한테 듣는 수학 이야기는 신기하고 이해가 쏙돼."

초롱이가 눈을 **동그랗게** 뜨고 신나서 질문했어요.

"호호, 아주 많아. 식물의 뿌리부터 열매까지 모두 수학과 관련되어 있어. 초롱이가 관심을 가지니 모두 설명해 주어야겠네."

콩콩 공주도 초롱이가 식물에 관심을 보이니 기분이 좋았어요. 그리고 한참 동안 모니터의 꽃 사진을 이리 옮겼다 저리 옮겼다 하며 사진을 펼쳐 놓았어요. 뭔가 콩콩 공주만의 규칙이 있는 것 같았어요.

"다 됐다!"

콩콩 공주가 초롱이 어깨에 **폴짝** 뛰어오르며 말했어요.

"자, 이 꽃들을 자세히 살펴보고, 각 꽃잎의 수를 세어 보도록 해."

"꽃잎의 수랑 수학이 관련 있는 거야? 아까 외떡잎식물과 쌍떡잎식물의 꽃잎 수에 대해서는 알려 줬잖아."

초롱이가 **어리둥절한** 표정으로 물었어요.

"응, 이번에는 다른 내용이야. 아무튼 꽃잎의 수를 잘 세어 보고, 숫자 사이의 규칙을 찾아봐. 이건 좀 어려울걸?"

식물은 수학과 밀접한 관계가 있어.

콩콩 공주는 초롱이가 규칙을 찾아내지 못할 거라고 생각했어요.

"꽃잎이 3장, 5장, 8장, 13장이네. 으음……, 무슨 규칙이지? 배수도 아니고, 소수도 아니고……."

초롱이는 한참 고민했지만 규칙을 알아낼 수 없었어요.

"한 가지 힌트를 줄까? 더하기!"

초롱이가 끙끙거리며 문제를 못 풀자 콩콩 공주는 힌트를 주었어요.

꽃잎 3장   꽃잎 5장

꽃잎 8장   꽃잎 13장

"더하기, 숫자 더하기……. 아, 뭔지 알았어. 앞의 두 수를 더하면 그다음에 나오는 수가 돼. 3 더하기 5는 8, 5 더하기 8은 13이야. 이거 맞지?"

초롱이는 자리에서 방방 뛰며 소리쳤어요.

"오, 비록 내가 힌트를 주긴 했지만 **어려운** 문제인데 잘 맞혔는걸. 이러한 수의 규칙을 13세기 중세 유럽의 수학자인 레오나르도 피보나치가 발견했어. 1, 1, 2, 3, 5, 8, 13, 21, …과 같은 숫자를 피보나치 수라고 부르는데 이 숫자들은 앞의 두 수를 더한 값이 그다음 수가 되는 규칙을 가지고 있어. 2는 앞의 두 수 1과 1을 더한 수이고, 3은 1과 2를 더한 수이고, 5는 2와 3을 더한 수이지. 이런 수의 배열을 피보나치수열이라고 불러. 그러면 21 다음에 오는 수는 무엇일까?"

"음, 21 앞의 수가 13이니까 13과 21을 더하면 34!"

초롱이는 **자신감** 있는 표정으로 대답했어요.

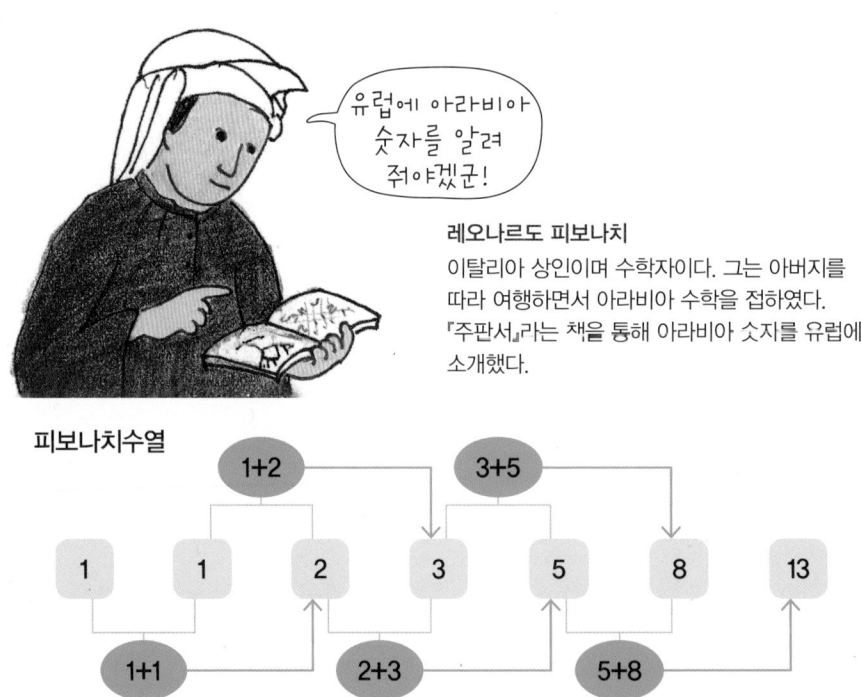

유럽에 아라비아 숫자를 알려 줘야겠군!

레오나르도 피보나치
이탈리아 상인이며 수학자이다. 그는 아버지를 따라 여행하면서 아라비아 수학을 접하였다. 『주판서』라는 책을 통해 아라비아 숫자를 유럽에 소개했다.

피보나치수열

"응, 이제 피보나치수열에 대해 정확하게 이해하고 있네. 피보나치 수는 여러 식물에서도 **찾을 수 있어.**"

콩콩 공주는 초롱이에게 해바라기꽃이 피어 있는 마당으로 가자고 했어요. 초롱이는 해바라기에서 어떤 피보나치 수를 찾을 수 있을지 궁금했어요. 초롱이는 해바라기꽃을 자세히 관찰했어요.

"해바라기꽃 속의 씨앗들이 나선 모양을 띠고 있지?"

콩콩 공주가 초롱이에게 물었어요.

"응, 그런데 나선 모양이 두 개네. 시계 방향과 반시계 방향."

"그럼 두 방향으로 나 있는 나선의 개수를 세어 봐."

초롱이는 **빙글빙글** 돌아가는 씨앗의 수를 세자니 머리가 어지러워서 토할 것 같았어요. 또 도중에 잘못 세는 바람에 다시 세는 경우도 몇 번 있었어요.

"포기, 포기! 도저히 못 세겠어."

초롱이는 머리를 절레절레 내두르며 말했어요.

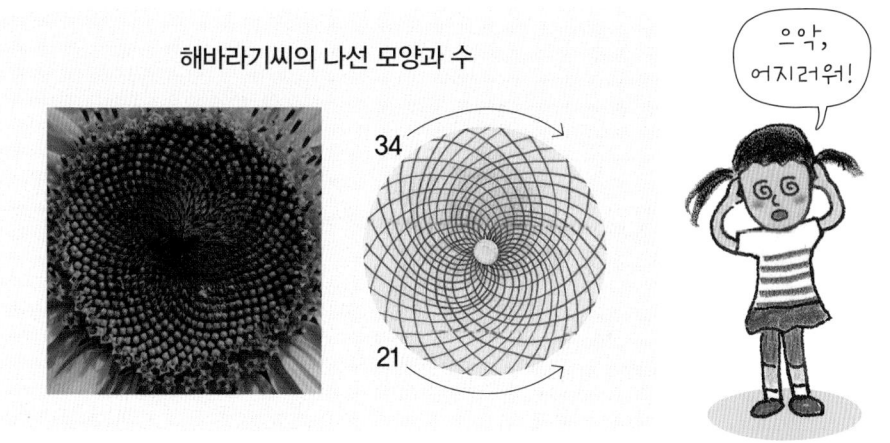

해바라기씨의 나선 모양과 수

"후후, 나선의 수는 해바라기의 크기에 따라 다르지만 한쪽 방향이 21개면 반대 방향은 34개야. 나선의 수는 항상 이웃하는 피보나치수열의 두 수가 되는 거야. 한쪽 방향이 34개면 반대 방향은 21개나 55개가 되지."

콩콩 공주가 이번에는 모니터로 선인장을 **보여 주었어요.**

"피보나치 수는 선인장, 솔방울, 파인애플에서도 찾을 수 있어."

"이건 나도 찾을 수 있겠어. 선인장 나선 수가 반시계 방향으로 13개, 시계 방향으로 21개로 피보나치 수야."

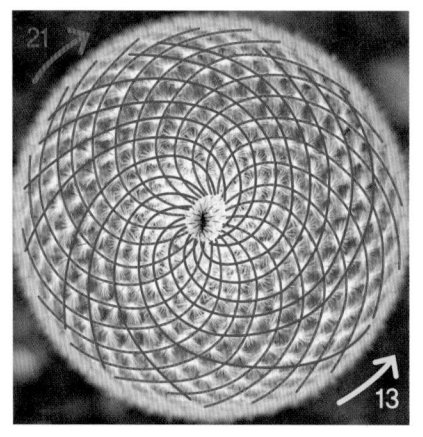

우아, 선인장 나선 모양 수도 피보나치 수네.

"그럼 이 솔방울에서도 찾을 수 있겠어?"

"응, 이 솔방울은 시계 방향으로 8개, 반시계 방향으로 13개의 나선이 있어. 이것도 피보나치수열이야."

"맞아. 잘했어!"

"우아, 식물 곳곳에 피보나치수열이 숨어 있다니 진짜 신기해. 집에 가면 내가 좋아하는 파인애플 껍질의 나선 수도 꼭 세어 보겠어!"

초롱이는 주먹을 불끈 쥐며 굳은 결심을 한 듯 비장하게 말했어요.

"그런데 왜 식물들이 피보나치 수만큼 씨앗을 가지고 있는 거야? 아무 의미 없이 피보나치 수만큼 있는 건 아니겠지?"

초롱이는 또 다른 궁금증이 생겼어요.

"좋은 질문이야. 솔방울이나 해바라기씨는 한정된 공간에서 씨를 최대한 많이 만들 수 있도록 나선 형태로 늘어선 거야. 피보나치수열에 맞추면 씨앗을 빈 공간 없이 촘촘하게 배치할 수 있거든. 그리고 씨앗들이 단단히 고정되어 있어서 비바람이나 외부의 충격에도 튕겨 나가지 않아."

"오, 깊은 뜻이 있었구나. 식물은 정말 똑똑하다. 식물이 살아가는 데에도 수학이 필요한 거구나."

초롱이는 식물이 살아가는 지혜와 수학과의 관계에 대해 좀 더 깊이 생각해 보게 되었어요.

솔방울의 나선 모양과 수

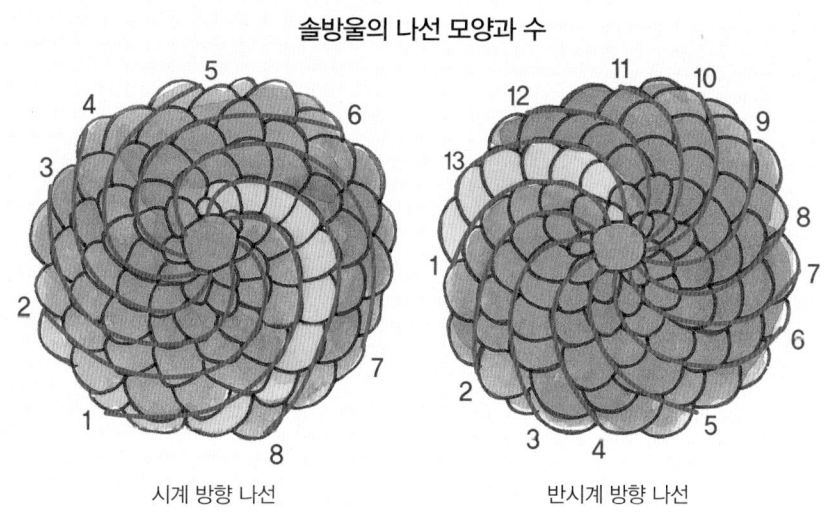

시계 방향 나선   반시계 방향 나선

잎이 규칙적으로 붙어 있어

"초롱아, 지금까지 꽃과 씨를 살펴보았으니 이제 줄기와 잎에 숨어 있는 피보나치수열을 알아볼까? 들판으로 나가 보자."

"좋아. 그런데 **잠시만** 기다려 줘. 집에서 가지고 올 것이 있어."

초롱이는 방으로 가 무엇인가 챙기기 시작했어요. 마당으로 나온 초롱이는 모자를 쓰고, 목에는 카메라를 걸고, 스케치북이 든 가방을 메고 있었어요. 그리고 부엌으로 가서 찐 감자와 옥수수가 든 바구니도 챙겼지요.

"이왕 들판으로 나가는 거 식물 사진도 찍고, 그늘에 앉아서 식물 그림도 그리면 좋잖아. 히히, 꼭 식물학자가 된 기분이야."

"후후, 그래. 대단한 식물학자 같아."

콩콩 공주가 초롱이를 **한껏** 치켜세워 줬어요.

"우아, 들판으로 나오니까 정말 좋다. 공기도 맑아."

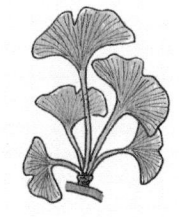

마주나기
줄기에 잎이 두 장씩 마주 보게 붙어 있다.

어긋나기
줄기에 잎이 한 장씩 어긋나게 붙어 있다.

돌려나기
줄기에 잎이 세 장 이상 돌려나 있다.

뭉쳐나기
여러 장의 잎이 줄기의 한 부분에 뭉쳐나 있다.

초롱이는 그늘에 앉아 쉬다가 주변 식물들을 둘러보기 시작했어요.

"어? 콩콩 공주, 줄기에 잎이 붙어 있는 모습이 각각 달라. 어떤 식물의 잎들은 서로 엇갈려 나 있고, 어떤 식물의 잎은 서로 마주 보고 나 있어."

초롱이가 식물의 줄기를 보며 신기한 듯이 말했어요.

"우아, 예리하네. 맞아. 식물의 줄기에 잎이 붙어 있는 모양은 여러 가지야. 마주나기, 어긋나기, 돌려나기, 뭉쳐나기 등이 있는데, 이를 '잎차례'라고 해. 방금 네가 말한 것은 어긋나기와 마주나기야."

콩콩 공주가 잎차례에 대해 설명했어요.

"초롱아, 잎이 어긋나기로 난 식물들을 잘 살펴봐. 공통점이 있을 거야."

초롱이는 어긋나기로 난 식물의 잎차례에 비밀이 숨어 있을 것 같아 자세히 관찰했지만 비밀을 쉽게 알 수는 없었어요.

"줄기를 중심으로 잎이 붙어 있는 각도에 수학적인 규칙이 숨어 있어. 참고로 이 규칙을 처음 알아낸 사람은 너도 아는 아주 유명한 사람이야."

"그게 누군데?"

"레오나르도 다빈치."

콩콩 공주의 말을 들은 초롱이는 눈이 **똥그래졌어요.**

"모나리자를 그린 레오나르도 다빈치 말이야?"

"응. 다빈치는 화가로도 유명하지만, 그 밖에 건축, 수학, 과학, 음악 등의 분야에서도 여러 가지 뛰어난 업적을 남겼지."

"**대단하다.** 수학과 예술을 모두 잘했다니."

"다빈치는 식물의 잎이 일정한 각도로 줄기를 따라 올라가면서 나선형으로 약간씩 비껴 나 있다는 것을 발견했어. 이렇게 두 장의 잎이 이루는 일정한 각도를 '개도'라고 해. 개도란 두 장의 잎이 햇빛을 향하여 '열린 각도'라는 뜻이야. 이 각도는 분수를 이용해 나타내."

"분수를 이용해서? **어떻게?**"

"분수는 $\dfrac{분자}{분모}$로 나타내. 분모에는 처음 난 잎 바로 위쪽에 수직으로 겹치는 잎까지, 처음 난 잎 이후에 몇 개의 잎이 나 있는지를 써. 분자에는 처음 난 잎 바로 위쪽에 수직으로 겹치는 잎이 날 때까지 줄기를 몇 번 회전했는지를 쓰는 거야."

"헉, 이건 정말 복잡하다."

초롱이가 혀를 내두르자 콩콩 공주는 그림을 보여 주며 설명했어요.

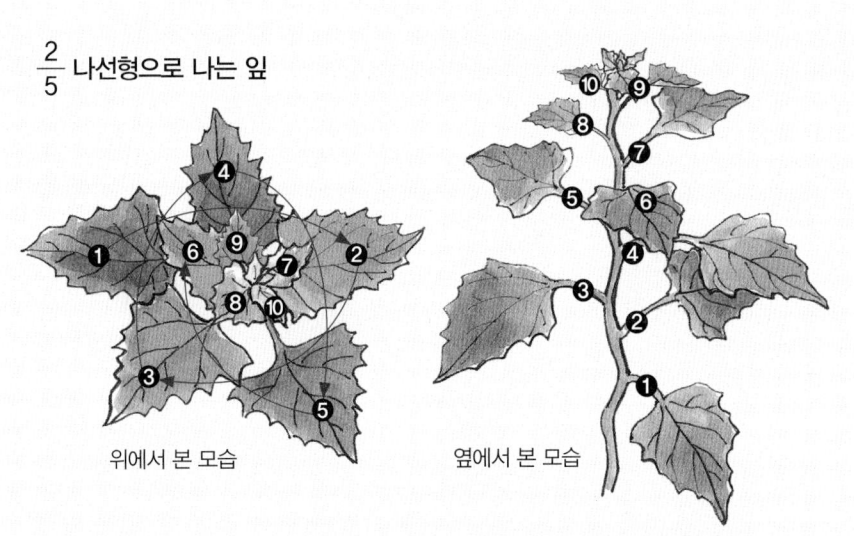

$\frac{2}{5}$ 나선형으로 나는 잎

위에서 본 모습   옆에서 본 모습

❶부터 잎이 순서대로 나서 두 바퀴를 돌아 ❻에서 ❶과 수직으로 겹쳐졌다. ❶ 이후에 ❻까지 5개 잎이 나 있어서 분모에 5를 쓰고, 줄기를 두 번 회전했기 때문에 분자에는 2를 쓴다. 따라서 분수로 나타내면 $\frac{2}{5}$이다.

"다빈치가 수많은 식물의 잎을 관찰하고 알아낸 것을 분수로 나타내면 $\frac{1}{2}$, $\frac{1}{3}$, $\frac{2}{5}$, $\frac{3}{8}$, $\frac{5}{13}$가 돼. 예를 들어 $\frac{2}{5}$는 줄기를 2번 회전하는 동안 5개의 잎이 나온다는 거야."

"아, 이제 조금 알 것도 같다. 그럼 $\frac{3}{8}$은 줄기를 3번 회전하는 동안 8개의 잎이 나온다는 거구나."

초롱이의 얼굴이 밝아졌어요.

"그럼 잎이 나 있는 각도는 어떻게 구할까?"

"그건, 잘 모르겠어. 뭔가 복잡할 것 같아."

"어렵지 않아. 1바퀴가 360°니까 아까 구한 분수에 360°를 곱하면 돼."

"아, 그래? 진짜 어렵지 않네."

초롱이는 이제야 **빙긋** 웃으며 말했어요.

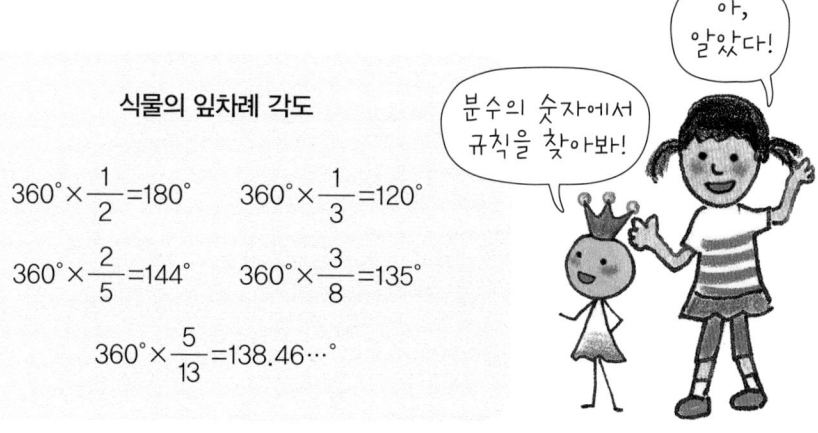

식물의 잎차례 각도

$$360° \times \frac{1}{2} = 180° \qquad 360° \times \frac{1}{3} = 120°$$

$$360° \times \frac{2}{5} = 144° \qquad 360° \times \frac{3}{8} = 135°$$

$$360° \times \frac{5}{13} = 138.46\cdots°$$

아, 알았다!

분수의 숫자에서 규칙을 찾아봐!

"그런데 $\frac{1}{2}$, $\frac{1}{3}$, $\frac{2}{5}$, $\frac{3}{8}$, $\frac{5}{13}$ 들의 숫자들을 보면 뭔가 떠오르지 않니?"

"음……, 아! 분자의 1, 1, 2, 3, 5, 분모의 2, 3, 5, 8, 13이 각각 피보나치 수네. 우아, 신기하다!"

초롱이는 **손뼉을 치며** 말했어요.

"와, 잘했어. 초롱이는 수학을 참 잘하는구나."

초롱이는 콩콩 공주에게 칭찬을 들어 기분이 좋았어요.

"식물은 종류에 따라 잎이 나 있는 각도가 정해져 있어. 예를 들어 옥수수와 벼는 180°, 방동사니와 오리나무는 120°야. 그리고 대부분 식물의 잎이 난 각도는 144°야."

"**언뜻** 보기엔 마구 자란 것 같은 잎들이 정확한 각도를 이루며 나 있다는 것이 신기해. 그런데 왜 잎들은 이런 각도를 이루며 나는 거지?"

"응, 그 질문에 대한 답은 스스로 생각해 볼래? 한 가지 힌트를 주자면 나뭇잎을 위에서 봐 봐. 어떻게 보이니?"

"잎이 나선형으로 비껴 가며 나 있는데? 음, 잎은 햇빛을 받아 양분을 만들어 내니까⋯⋯. 아, 알았어. 이렇게 잎이 나 있으면 모든 잎이 햇빛을 골고루 받을 수 있구나!"

초롱이는 위에서 잎을 **자세히** 관찰하니 잎이 왜 이렇게 나 있는지 이해할 수 있었어요.

"응, 훌륭해. 정답이야. 식물은 햇빛을 받아 광합성으로 양분을 만들어 내야 하니까 최대한 많은 빛을 받아야겠지. 그래서 잎은 일정한 간격으로 나고 있는 거야."

"우아, 식물은 뿌리부터 씨앗까지 모두 수학으로 이루어져 있구나."

초롱이는 식물의 신비로움에 **감탄했어요.**

식물에 이렇게 많은 수학이 숨어 있다니⋯⋯.

부분이 전체를 닮았어

꼬르륵꼬르륵, 초롱이는 또 배가 고파졌어요.

"초롱아, 너 또 배가 고픈 거야?"

"응. 수학 공부를 너무 열심히 해서 그런가 봐."

초롱이가 머쓱해서 머리를 **긁적였어요.**

"하하, 그럼 그늘에서 좀 쉬면서 가져온 옥수수랑 감자를 먹자."

초롱이는 그늘에 앉아 집에서 가져온 옥수수와 감자를 먹었어요. 그때 나무 그늘에 있는 식물이 눈에 띄었어요.

"아, 고사리구나."

콩콩 공주가 아는 척을 했어요.

"고사리? 우리가 반찬으로 먹는? 고사리는 갈색 줄기 아니야?"

초롱이는 평소 알고 있던 고사리와 모습이 많이 달라 **의아했어요.**

"우리가 먹는 고사리는 4월 말쯤 잎이 피기 전에 줄기를 수확해서 삶은 거야. 그 시기가 지나면 고사리는 이렇게 초록색 큰 식물이 되지."

"아, 그렇구나."

음, 옥수수 맛있어.

옥수도 식물의 열매야!

"고사리를 보니 프랙털이 떠오르네."

"프랙털? 콩콩 공주, 그게 뭐야?"

"음, 그냥 들으면 이해하기 어려울 거야. 먼저 모니터로 예

부분을 확대했는데 처음 모습이랑 비슷해.

를 들어 볼게."

콩콩 공주가 잠시 고민하다가 휘파람를 불어 모니터로 고사리잎을 확대해서 보여 주었어요.

"고사리잎의 모습을 잘 봐. 그런데 이 부분 잎을 확대해 보면 어때?"

"처음 고사리 모습과 확대한 고사리잎의 모습이 비슷해."

"응, 그럼 다시 이 부분을 **확대하면?**"

"어? 이것도 처음 고사리 모양이랑 비슷한데? 고사리의 작은 부분을 확대했는데 비슷한 모양을 띠는구나. **신기하다!**"

"응. 이렇게 어떤 한 부분이 전체와 닮은 모양을 프랙털이라고 해."

초롱이는 새로 알게 된 프랙털이 신기하고 놀라웠어요. 이번에는 콩콩 공주가 식물의 뿌리를 보여 주었어요.

"곧은뿌리의 곁뿌리도 프랙털 모습을 띠고 있어."

"정말 그렇네."

"초롱아, 종이와 연필만 있으면 너도 직접 프랙털을 만들어 볼 수 있어."

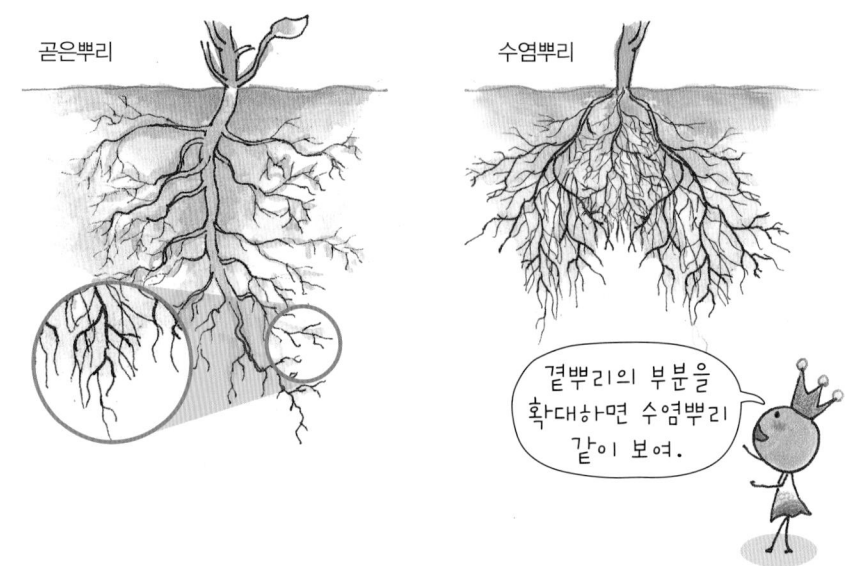

곧은뿌리

수염뿌리

곁뿌리의 부분을 확대하면 수염뿌리 같이 보여.

"**정말?** 내가 프랙털을 만들 수 있다고? 어려울 것 같아."

"아니야, 아주 간단해."

"그럼 해 보고 싶어."

초롱이는 스케치북을 가져와 펼쳤어요.

"먼저 스케치북 아래에 세로로 선을 그어 봐. 그리고 선분의 위쪽 끝을 두 갈래로 나누어서 그려. 이 과정을 계속 **반복해서** 그리면 돼."

초롱이는 콩콩 공주가 말한 대로 따라 그리기 시작했어요. 계속 그림을 그려 나가자 점차 나무의 모습을 갖추어 갔어요. 초롱이는 선만 그렸을 뿐인데 멋진 나무가 완성되는 것을 보며 신기해했어요.

"네가 그린 나무랑 실제 나무를 비교해서 봐 봐."

"큰 나무 속에 작은 나무들이 숨어 있어. 또 그 안에는 더 작은 나무들이 보이고."

초롱이는 큰 나무를 자세히 관찰하며 말했어요.

"수학을 알게 되면 전에는 볼 수 없었던 새로운 것들을 알 수 있어."

콩콩 공주가 진지한 표정으로 말했어요.

프랙털과 영화

영화에서 실제처럼 보이는 건물, 로봇, 꽃과 나무, 구름 등은 어떻게 그렇게 정교하게 표현했을까? 컴퓨터 그래픽(CG) 기술을 이용해 실제 자연과 같은 영상을 만들어 낸 것이다. 이 컴퓨터 그래픽 기술에 프랙털 원리가 담겨 있다.

전체 생김새와 비슷한 모습을 가진 작은 부분이 끝없이 되풀이되는 현상을 수학적인 데이터로 만들어 컴퓨터에 입력하면, 마치 실제처럼 보이는 장면이 만들어진다. 사람이 하면 매우 오래 걸리는 작업을 수학을 이용해 만든 컴퓨터 프로그램으로 간단히 만들어 내는 것이다.

STEAM쏙
교과쏙

Q 유채꽃의 꽃잎 사이 각도는 몇 도일까?

A  봄에 제주에서 많이 피는 노란색 유채꽃은 꽃잎이 4장이다.
4장의 꽃잎이 같은 각도로 벌어져서 피어 있기 때문에 꽃잎 사이의 각도를 구하려면 360°를 4로 나누어야 한다.
즉 360°÷4=90°이므로 유채꽃의 꽃잎 사이 각도는 90°이다.

Q 나선은 어떤 모양일까?

A  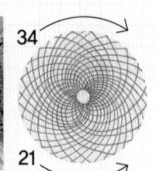 나선은 소용돌이 모양의 곡선이다. 해바라기꽃의 가운데 부분을 자세히 보면, 나선을 여러 개 찾을 수 있다. 꽃 속의 씨앗들이 나선 모양으로 나 있기 때문이다. 재미있는 사실은 나선 모양은 시계 방향과 반시계 방향으로 나 있고, 시계 방향의 나선 수와 반시계 방향의 나선 수는 각각 피보나치 수로 이루어져 있다.

Q 피보나치 수가 무엇일까?

A 피보나치 수란 앞의 두 수를 합한 수로 나열된 수열에 속하는 수이다. 예를 들어 1, 1, 2, 3, 5, 8, 13, 21, …과 같은 수의 나열에서 앞의 두 수를 합하면 다음 수가 된다. 차례로 확인해 보면, 1+1=2, 1+2=3, 2+3=5, 3+5=8, 8+13=21이다. 이와 같은 수를 피보나치 수라 하고, 이런 수의 나열을 피보나치수열이라고 한다.

식물의 잎에는 어떤 규칙이 있을까?

식물의 잎은 줄기를 따라 일정한 각도를 이루며 나는 규칙이 있다. 이것을 발견한 사람은 레오나르도 다빈치이다. 분수를 이용하면 잎이 나는 각도를 계산할 수 있다. 처음 난 잎 위에 수직으로 겹치는 잎이 오기까지 몇 개의 잎이 나 있는지를 분모로 하고, 수직으로 겹치는 잎까지 잎이 줄기를 따라 돌아가는 회전수를 분자로 한 분수에 360°를 곱하면 각도가 나온다. 예를 들어 처음 난 잎 이후에 수직으로 겹치는 잎까지 잎이 5개라면 분모가 5이고, 첫 번째 잎에서 여섯 번째 잎까지 잎들이 줄기를 두 바퀴 돌았다면 분자는 2이다.

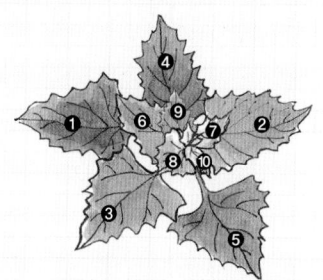

이때 $\frac{2}{5} \times 360° = 144°$이므로 잎이 난 각도는 144°이다.

 프랙털이 무엇일까?

프랙털이라는 말은 '파편의', '부서진'이라는 뜻의 라틴 어에서 유래했다. 프랙털은 일부분이 전체와 닮은 것이다. 불규칙적인 무늬가 점차적으로 더 작은 크기로 반복되어 부분을 확대하면 전체와 닮아 있다. 프랙털 현상은 눈송이, 나무껍질에서 쉽게 볼 수 있다. 또한 나뭇잎에서 그물맥 구조를 자세히 보면 유사한 그물맥 무늬가 작게 반복된다.

3장

신기하고 특별한 식물

하늘까지 자라는 콩

초롱이와 콩콩 공주는 할머니 댁으로 돌아왔어요. 할머니 댁에 도착한 초롱이는 집에서 가지고 온 책을 읽기 시작했어요. 그 모습을 지켜보던 콩콩 공주가 심심했는지 방에 있는 책을 이리저리 훑어보았어요. 그러다 눈에 띄는 책을 하나 꺼내 펼쳤지요.

"잭과 콩나무라는 동화책이네. 초롱아, 이건 무슨 내용이야?"

"잭이라는 소년이 소를 판 돈으로 어떤 노인에게서 콩을 사 와서 벌어지는 이야기야. 화가 난 엄마가 콩을 밖으로 휙 집어 던졌는데 다음 날 보니 콩이 쭉쭉 자라서 하늘까지 닿은 거야. 잭은 이 콩나무를 타고 하늘로 올라가서 거기 살고 있던 나쁜 거인을 물리치고 부자가 되지."

"재미있는 이야기이네."

"재미있긴 한데 하늘까지 자라는 콩이라니 말이 안 돼."

초롱이는 깔깔거리며 웃었어요.

"유전자 조작 기술을 이용하면 불가능한 것도 아니야. 물론 동화처럼 하

늘까지 올라가는 콩나무는 아니겠지만 말이야."

초롱이는 콩콩 공주의 말을 듣고 **깜짝** 놀랐어요.

"진짜? 그런데 유전자 조작 기술이라는 게 어떤 방법이야?"

"음, 모니터를 봐 봐. 유전자 조작 기술에 대해 알려면, 먼저 유전자에 대해 알아야 해. 지구 상에 존재하는 생물은 무척 다양하지만 모두 세포로 이루어져 있다는 공통점이 있어. 세포 안에는 핵이 있는데, 우리 몸에서 이루어지는 모든 생명 활동은 핵 속에 들어 있는 유전자에 의해 조절돼."

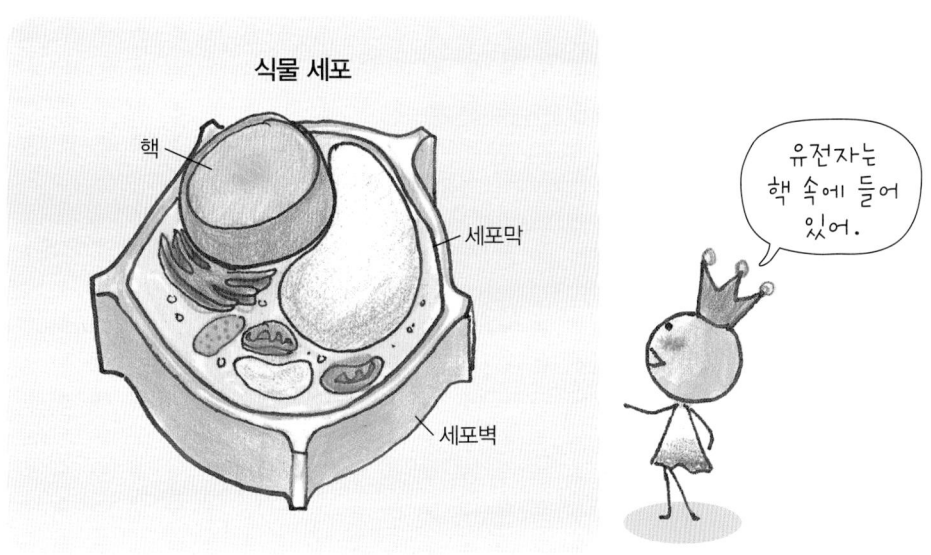

식물 세포

핵

세포막

세포벽

유전자는 핵 속에 들어 있어.

"잘 모르겠어. 유진자가 **정확히** 무슨 뜻이야?"

"유전자는 형태, 색, 성질 등의 정보가 담긴 물질인데 부모에게서 자식에게 전달돼. 이때 유전자는 디엔에이(DNA) 속에 들어 있고, 염색체에 담겨 전달돼."

DNA의 구조

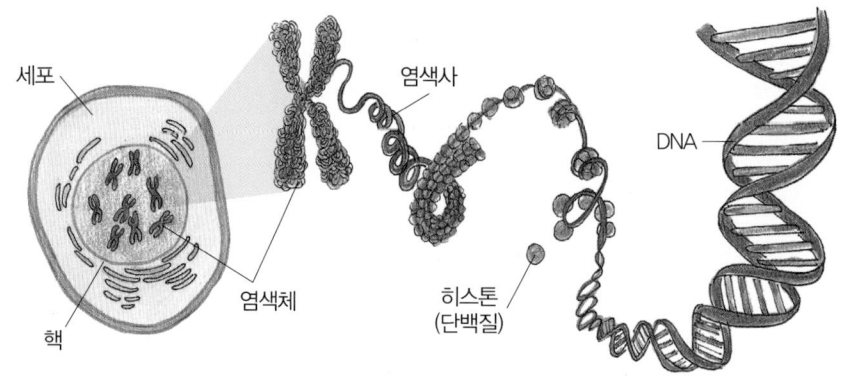

"뭔가 점점 *어려워지는* 것 같아. 뭔지 잘 모르겠어."

초롱이는 콩콩 공주의 설명을 이해할 수 없다는 표정으로 물었어요.

"핵 안에는 **통통하게** 털실을 감아 놓은 것처럼 보이는 염색체가 있어. 그런데 염색체를 자세히 살펴보면 굵은 실 같은 물질이 복잡하게 얽혀 있는데, 이 굵은 실 모양이 염색사야."

콩콩 공주는 모니터를 확대해 보여 주면서 알기 쉽게 **차근차근** 설명했어요.

"콩콩 공주, 염색사는 마치 실에 여러 개의 구슬이 꿰어진 것처럼 보여."

"맞아. 구슬처럼 생긴 것은 히스톤이라는 단백질이고, 히스톤을 삼고 있는 것이 DNA야."

"그렇구나. 그럼 유전자는 정확히 뭘 말하는 거야? 염색체? 염색사? DNA?"

"생물체의 유전자는 DNA 속에 들어 있는데 DNA의 모든 부분이 유전자인 것은 아니야. DNA 중에서도 생물의 모양과 성질을 결정하는 유전 정보가 있는 특정 부분이 있는데 그것을 유전자라고 부르지. 꽃의 색이나 모양, 식물의 크기, 뿌리, 줄기, 잎의 모양 등 **다양한** 특징들을 다 유전자가 결정해."

"아, 유전자는 매우 중요한 거구나."

초롱이는 고개를 **끄덕이며** 말했어요.

DNA 구조를 밝혀내기까지

오즈월드 에이버리

유전에 관여하는 물질은 DNA입니다.

1944년 에이버리는 DNA가 세포의 기본적인 유전 물질임을 밝혀냈다.

왓슨과 크릭은 DNA 구조를 연구하였다.

제임스 왓슨

프랜시스 크릭

1953년 왓슨과 크릭은 모형을 제출했다.

DNA 이중 나선 구조 모형

1962년 왓슨과 크릭은 노벨상을 받았다.

파란 장미를 만들 수 있을까?

"콩콩 공주, 그럼 유전자 조작은 언제부터 시작한 거야?"

"과학자들이 유전자를 바꿀 수 있을지 없을지 궁금해하면서 연구가 시작되었지. 과학자들이 만들고 싶어 한 것 중의 하나가 **파란 장미**였어. 파란 장미는 '있을 수 없는', '불가능한'이라는 의미의 꽃말을 가지고 있대."

"그래? 나 파란 장미를 본 적 있어. 꽃집에 갔을 때 분명 있었어."

초롱이가 **자신감** 있게 말했어요.

"아마 네가 본 장미는 흰 장미로 만든 걸 거야."

"흰 장미로? 어떻게?"

"흰 장미에 파란 색소 스프레이를 뿌려 염색을 한 거야. 품종 개량으로 다양한 색의 장미를 만들었지만 파란 장미만은 만들 수 없었거든."

"아, 진짜 파란 장미인 줄 알았는데 **실망이야.**"

초롱이가 투덜거렸어요.

"너무 실망하지 마."

> 이 꽃들에는 파란색 색소 유전자가 있어.

도라지꽃

닭의장풀꽃

"그런데 **이상하네.** 도라지 꽃이나 닭의장풀꽃은 파란색이잖아. 그런데 왜 장미는 파란색 꽃이 피지 않는 거야?"

초롱이는 파란색 꽃이 피는 식물들이 생각나 물었어요.

"그건 장미꽃에 파란색 색소 유전자가 없기 때문이야. 꽃잎의 색깔은 주로 안토시아닌이라는 색소로 결정돼. 안토시아닌은 산성에서는 붉은색, 염기성에서는 보라색에 이르기까지 **다양한 색**을 나타내지."

장미에는 파란색 색소 유전자가 없다니 슬프다.

장미는 파란색 색소 유전자가 없어 흰 장미를 파란색으로 염색하여 파란 장미를 만든다.

"안토시아닌? 킥킥, 꼭 외국 영화배우 이름 같아."

초롱이가 깔깔거리자 콩콩 공주가 **힐끗거리며** 설명을 계속했어요.

"파란색 색소는 안토시아닌의 일종인 델피니딘이라는 물질이야. 그런데 안타깝게도 장미에는 델피니딘 색소를 만드는 유전자가 없어."

"아, 그래서 장미는 파란색 꽃이 없구나."

초롱이는 고개를 끄덕이며 말했어요.

"그래서 유전 공학자들은 유전자 재조합으로 파란 장미를 만들자는 의견을 냈어. 유전자 재조합이란 원하는 특성을 나타내는 유전자를 다른 생물의 유전자에 결합시켜 새로운 유전자를 만드는 거야."

"그럼 그 유전자 재조합이란 기술로 파란 장미를 만들 수 있어?"

"과학자들이 생각한 방법은 도라지꽃이나 닭의장풀꽃과 같은 파란색 꽃의 DNA에서 델피니딘 유전자만 분리시켜 장미에 넣는 거야. 장미에 들어온 델피니딘 유전자가 새로운 델피니딘을 만들고, 만들어진 델피니딘이 쌓이면 파란 장미가 피는 거지."

"우아, 좋은 생각인 것 같아. 과학자들은 참 똑똑해."

초롱이가 입을 **딱 벌리며** 감탄했어요.

"하지만 생각대로 쉽게 만들어지지는 않았어. 이후 수많은 과학자들이 계속 노력했고, 오스트레일리아의 회사인 플로리진과 일본의 회사인 산토리의 합작 연구로 파란 장미를 만드는 데 성공했어."

"정말? **멋지다!**"

"응. 2004년에 제비꽃과 팬지꽃에서 델피니딘 색소를 만드는 유전자를 장미에 넣고, 장미에 있는 붉은색과 노란색을 만드는 유전자를 없애는 방법으로 최초의 파란 장미를 만들었어. 하지만 색이 보라색에 가까워. 지금도 더 선명한 파란색 장미를 만들기 위해 연구 중이라고 해."

"우아, 포기를 모르는 대단한 과학자들이네. 꼭 **성공했으면** 좋겠어!"

원예학자들의 꿈, 검은 튤립

검은 튤립은 파란 장미와 함께 원예학자들이 만들고 싶어 하는 꿈의 식물이다. 검은 튤립은 알렉상드르 뒤마가 〈검은 튤립〉이라는 소설을 발표하면서 유명해졌다. 〈검은 튤립〉의 주인공은 17세기 네덜란드의 원예학자로 검은 튤립을 만드는 연구를 하던 중 그를 시기하던 동료 학자의 밀고로 억울한 누명을 쓰고 감옥에 갇히게 된다. 하지만 결국 사랑하는 사람을 만나 결혼하고 무죄도 증명되고, 검은 튤립도 만들어 낸다는 내용이다.

이 소설이 인기를 끌면서 수많은 원예학자들이 검은 튤립을 만들어 내려는 노력을 해 왔다. 이러한 노력으로 수많은 품종의 튤립이 만들어졌는데, 그중에서 1944년에 만들어진 '밤의 여왕'이 검은색에 가장 가까운 품종으로 지금까지도 인정받고 있다. 하지만 정확하게는 검은색이 아닌 짙은 자주색 꽃이다. 안타깝게도 자연에서 살아 있는 상태의 꽃이 검은색을 띠는 것은 불가능하다고 한다. 그 이유는 꽃에 검은색을 만드는 색소가 없는 것이 아니라, 검은색을 띠려면 가시광선의 모든 파장을 흡수해야 하는데 그게 불가능하기 때문이다.

완벽한 검은색은 아니지만 예쁘다!

검은색 튤립

배고픈 아이들

초롱이는 텔레비전을 켜면서 콩콩 공주에게 말했어요.

"너한테 어려운 이야기를 너무 많이 들어서 힘들다. 텔레비전을 보면서 좀 쉬어야겠어."

텔레비전에서는 아프리카 어린이들이 먹지 못해 앙상하게 마른 모습이 방송되고 있었어요. 초롱이는 그 모습을 보니 그간 할머니께 밥투정, 반찬 투정을 했던 것이 부끄러웠어요. 그리고 아프리카 아이들이 불쌍해 눈물이 나왔어요.

"초롱아, 왜 울어?"

"굶고 있는 아프리카 어린이들이 불쌍해서. 아프리카 어린이들을 도울 수 있는 방법이 없을까?"

초롱이 말을 듣고 잠시 생각하던 콩콩 공주는 손뼉을 치며 말했어요.

"유전자 조작 기술을 이용하면 식량 생산을 늘릴 수 있어!"

"어떻게 식량 생산을 늘릴 수 있어?"

초롱이가 눈을 반짝이며 말했어요.

"전 세계 인구가 빠르게 증가하면서 식량 부족을 걱정하는 사람들이 있었지. 인류의 생존을 위협하는 요인은 환경 오염, 전쟁 등 다양하지만 식량 부족이 가장 큰 요인이거든."

"음. 역시 그렇구나."

"많은 과학자들이 생명 공학을 연구해서 식량 부족 문제를 해결하려고 노력하고 있어."

"지금까지 어떤 연구가 되었는데?"

"하나씩 알려 줄게. 잘 들어 봐. 최근 우리의 식탁에 오르는 식품 중에는 유전자 변형 식품(GMO)이 있어."

"응, 나도 들어 본 적이 있어. 뭔지는 잘 모르지만."

초롱이는 고개를 **갸우뚱하며** 말했어요.

"유전자 변형 식품이란 유전자를 인위적으로 바꿔서 새로운 성질의 유전자를 가진 식품이야. 어떤 생물에서 특정한 기능을 가진 유전자를 뽑아서 다른 생물에 넣거나 기존 유전자를 바꾸어 새로운 품종을 만드는 거야."

"그럼 최초로 만들어진 유전자 변형 식품은 뭐야? 쌀? 콩?"

"최초의 유전자 변형 식품은 잘 물러지지 않는 토마토야. 잘 익은 토마토는 쉽게 물러 장기간 보관하기가 어렵기 때문에 운반하는 데 비용과 노력이 많이 필요하다는 단점이 있었어. 그래서 1994년 미국 칼젠이라는 회사에서 유전자를 조작하여 수확한 뒤에도 **오랫동안** 무르지 않는 토마토를 개발했어."

"토마토 말고 또 다른 유전자 조작 식품은 없어?"

"굉장히 **많지.** 현재까지 개발된 대표적인 유전자 변형 식품 중의 하나는 옥수수야. 옥수수는 흔히 간식으로 생각하지만 쌀, 밀과 함께 3대 식량 작물이야. 유전자 조작 옥수수는 식량 생산량을 늘리기 위한 목적으로 만들어졌기 때문에 제초제의 피해를 받지 않도록 개발되었어."

"아, 제초제를 뿌리면 잡초만 죽고 옥수수는 죽지 않으니까 옥수수를 많이 생산할 수 있겠구나?"

"**응, 맞아.** 그래서 제초제에 강한 옥수수는 식량 문제를 해결하는 데 큰 도움이 되었지."

"아, 옥수수가 많이 생산되면 식량이 부족한 나라에 줄 수 있겠구나."

초롱이는 옥수수로 식량이 **부족한** 문제를 조금이나마 해결할 수 있어서 다행이라고 생각했어요.

"우리나라의 연구 팀에서는 우리나라 토종 콩에서 병충해에 강한 유전자를 찾아 이 유전자를 일반 콩에 넣어서 신화콩이라는 신품종을 만들었어.

신화콩은 콩나물용으로 콩을 키울 때 농약을 쓰지 않아도 되기 때문에 더욱 안전한 콩나물로 키울 수 있고 수확량도 기존의 콩에 비해 11% 이상 많다고 해."

"와, 농약 없이 키울 수 있고 더 많이 생산할 수 있다니 정말 좋다."

"제초제에 강한 콩도 있어. 이 콩은 재배하기 쉽고, 많이 수확할 수 있기 때문에 값이 저렴하지. 그래서 현재 미국과 유럽의 대형 농장에서는 가축의 사료로 제초제에 강한 콩을 많이 사용하고 있어."

"가축의 사료로 사용하면 사람에겐 어떤 도움이 되는 거야?"

"결과적으로 사료값이 저렴해지기 때문에 소비자들이 싼 가격으로 고기를 먹을 수 있지. 이처럼 유전자 조작 식물은 우리가 직접 먹는 음식뿐만 아니라 다른 동물을 위한 사료로도 많이 이용되고 있어."

황금쌀은 정말 황금처럼 노랗네.

일반 쌀　　　　　황금쌀

"그렇구나. 그런데 아프리카 아이들은 식량이 부족한 것도 문제지만 영양 결핍이 심각하잖아. 이 문제를 해결할 수는 없는 걸까?"

"유전자 조작으로 영양소가 풍부한 작물을 만들면 돼. 황금쌀이라고 들어 봤니?"

"황금쌀? 황금색을 띠는 쌀인가?"

"우리나라 농촌 진흥청은 유전자 재조합 기술로 기존 쌀에 비해 비타민 에이(A)가 강화된 황금쌀을 개발했어."

"우아, 비타민 에이(A)가 풍부하면 건강에 좋겠네."

"응. 황금쌀을 저개발 국가 사람들에게 보내 줘서 비타민 에이(A) 부족으로 생기는 야맹증과 영양소 결핍을 치료하도록 도왔어. 또 농촌 진흥청에서는 항암과 노화 방지에 효과가 있는 비타민 이(E)가 풍부한 유전자 조작 들깨를 개발했어. 기존 들깨보다 비타민 이(E)인 토코페롤 성분이 10배 이상 들어 있다고 해."

"정말? 대단하다. 난 복숭아 알레르기가 있어서 복숭아를 못 먹는데, 알레르기를 일으키지 않는 복숭아도 만들 수 있을까?"

초롱이는 알레르기 때문에 못 먹는 복숭아가 떠올라 물었어요.

"아직 알레르기를 일으키지 않는 복숭아는 개발되지 않았지만 알레르기를 일으키지 않는 콩은 개발되었어. 콩은 단백질이 풍부하지만, 알레르기를 일으킬 수 있는 물질을 포함하고 있는 경우가 많아. 그래서 이러한 알레르기를 일으킬 수 있는 단백질을 없앤 콩이 최근에 개발되었어."

"유전자 조작으로 못 하는 게 없네! 알레르기를 일으키지 않는 복숭아도 빨리 개발되었으면 좋겠다."

초롱이는 달콤한 복숭아를 마음껏 먹는 상상을 해 보았어요.

"초롱아, 유전자 조작 기술로 약으로 쓸 수 있는 식물도 만들었어."

"와, 그럼 식물을 약 대신 먹을 수도 있겠다."

"응, 그럴 수도 있겠지. 야생 포도에 있는 특정 유전자를 일반 포도에 넣어 항균 물질인 레스베라트롤 함유량을 6배 이상 높인 슈퍼 포도도 만들었어. 또 한때 무서운 전염병이었던 천연두를 막아 주는 유전자가 들어 있는 포도도 만들었지."

"우아, 유전자 조작 기술은 정말 대단하구나!"

초롱이는 입을 쩍 벌리며 말했어요.

복숭아를 실컷 먹었으면 좋겠어……

식물로 환경 문제를 극복해

"초롱아, **사막화**가 뭔지 아니?"

"응, 전에 책에서 읽었어. 토지가 점점 사막으로 변하는 거야."

"그래, 맞아. 유전자 조작 식물이 사막화를 막는 데에 사용되기도 해. 사하라 사막, 고비 사막 등 세계 각국에는 유명한 사막들이 있어. 지금은 사막이지만 몇천 년 전의 사하라는 나무가 울창한 삼림 지대였다고 해."

"그런데 왜 지금과 같은 사막이 된 거야?"

"그곳에 살던 주민들이 농사를 짓거나 가축을 기르기 위해 무분별하게 나무를 베었기 때문이야. 나무를 보호하지 않고 해치기만 해서 사막이 되어 버린 거지."

"자연을 보호하지 않으면 사막이 될 수도 있구나."

초롱이는 **시무룩한** 표정을 지었어요.

"그런데 해마다 사막의 면적이 빠르게 넓어지고 있다는 것이 문제야. 매년 전 세계적으로 6만 km^2 면적이 사막화가 되고 있어."

"맙소사. 사막이 점점 넓어지면 우리가 살 곳이 줄어들잖아."

"맞아. 중국은 사막화가 빠르게 진행되어 현재 중국 전체 국토의 30% 이상이 사막이라고 해. 봄만 되면 우리를 괴롭히는 황사도 중국 내륙의 사막화 때문에 생기는 거야."

"으악, 난 황사가 몰려오면 자꾸 기침이 나서 힘들어."

초롱이는 **몸서리를 쳤어요.**

"그래. 사막화는 심각한 문제야."

"그런데 유전자 조작 식물이 사막화를 어떻게 막을 수 있어?"

"유전자 조작 기술로 더위와 건조한 기후에 잘 견디는 식물을 만드는 거야. 열대 지방에서 자라는 맹그로브라는 식물과 선인장 유전자를 조합해서 맹그로브 선인장을 만들었어. 그것으로 사막을 초원으로 만들 수 있어."

"우아, 사막을 초원으로 만들 수 있다니 대단하다."

"더 대단한 건 유전자 조작 식물이 환경 오염도 막을 수 있다는 거야. 토양 속에 있는 중금속을 없애려면 은행나무나 포플러같이 중금속을 잘 흡수하는 나무를 심으면 돼."

"그래서 도로변에 은행나무랑 포플러를 많이 심는 거구나."

"응. 자동차 배기가스에서 나오는 매연을 줄이려는 거지. 최근에는 중금속을 흡수하거나 독성을 없앨 수 있는 유전자를 추출해서 그 유전자들을 포플러 세포에 넣은 유전자 조작 신품종 포플러를 만들었어. 신품종 포플러는 일반 포플러보다 중금속 흡수율이 1.5배 정도 높고 중금속을 많이 흡수해도 잘 자라."

"신품종 포플러가 빨리 자라서 우리 토양을 깨끗하게 해 주면 좋겠다."

초롱이는 신나는 표정으로 말했어요.

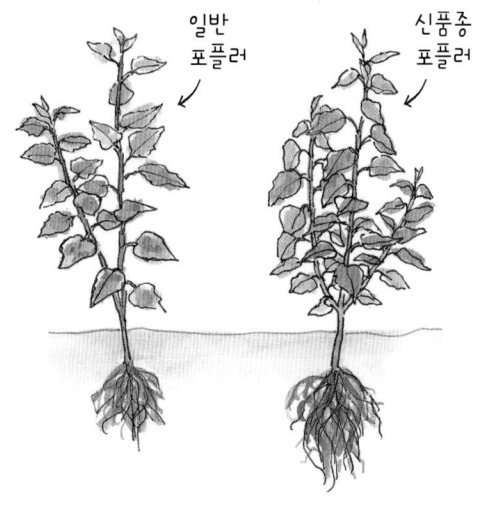

일반 포플러

신품종 포플러

신품종 포플러는 중금속으로 오염된 폐광 지역에서 일반 포플러보다 잘 자란다. 뿌리의 발달 상태도 좋고 잎의 피해도 훨씬 적다.

유전자 조작을 반대하는 사람들

"콩콩 공주, 유전자 조작 기술은 식량 문제도 해결하고, 환경 오염이나 사막화 같은 환경 문제도 해결할 수 있으니 정말 훌륭한 기술인 것 같아."

초롱이가 **감탄하며** 말했어요.

"하지만 모든 사람들이 유전자 조작 기술을 찬성하는 건 아니야."

"왜 반대하는 거야?"

초롱이는 이해가 되지 않았어요.

"좋은 점만 있다면 사람들이 반대하지 않겠지. 유전자 조작 기술로 만든 유전자 변형 식품에는 좋은 점만큼이나 단점도 있어. 그래서 환경 단체에서는 유전자 변형 식품이 인체나 환경에 해로운 영향을 미칠 수 있다고 주장해. 유전자 변형 식품이 다른 종류의 생물에 있는 유전자를 인공적으로 뽑아내서 넣는 기술을 이용했기 때문이지."

"음, 그런 문제가 있을 수 있겠구나."

초롱이는 **골똘히** 생각에 잠겼어요.

"유전자 조작 식물 중에 해충을 죽이는 독소를 만드는 식물도 있어. 그런데 이 식물은 해충이 아닌 곤충에도 피해를 줄 수 있지. 또 독소를 만드는 유전자가 잡초에 들어갈 경우 잡초들이 무성히 자라 생태계가 파괴될 염려도 있어. 유전자 조작을 찬성하는 사람들은 과학자들이 실험한 결과를 근거로 실제 이런 일이 일어날 가능성은 거의 없다고 반박해."

"도대체 누구 말이 맞는 거야? 잘 모르겠어."

초롱이는 **혼란스러웠어요.**

"최근 들어 유전자 조작 식물의 부작용을 연구한 결과들이 나오고 있어. 제초제에 강한 콩을 심은 밭에서 제초제를 뿌려도 죽지 않는 슈퍼 잡초가 발견되었거든."

"제초제를 뿌려도 죽지 않는 잡초? **어떻게** 그런 일이 일어난 거지?"

"미국에서 사용하는 라운드 업이라는 제초제는 유전자가 변형된 콩을 제외한 모든 녹색식물을 죽이는 제초제야. 그런데 유전자가 변형된 콩의 유전자가 잡초에 들어가서 슈퍼 잡초가 나타난 거지."

"아, 그럼 슈퍼 잡초를 죽이려면 어떻게 해야 해?"

"이 슈퍼 잡초를 없애려면 제초제를 아주 많이 뿌려야 해. 일반적으로 사용하는 양의 62배에서 188배가 필요해."

"악, 제초제는 몸에 **해로운데……**"

"맞아. 제초제는 토양 오염을 일으키고 근처에 있는 지하수로 흘러 들어가 사람들에게도 나쁜 영향을 미칠 수 있어."

"환경이 오염되고 사람에게도 피해를 준다고?"

초롱이의 얼굴이 금세 **어두워졌어요.**

"응. 질병에 걸릴 위험이 증가할 수도 있고, 부작용이 생길지도 몰라. 그 래서 유전자 변형 식품을 만들지도 먹지도 말아야 한다고 주장하는 사람 들이 있는 거야."

"그럴 수도 있겠구나. 문제가 생각보다 많네."

초롱이가 조용히 말했어요.

"문제는 또 있어. 유전자 조작 식물이 개발 도상국에서 많이 재배된다는 거야. 개발 도상국 국민들은 유전자 조작 식물의 위험성을 알고 있지만 비 용이 적게 들고 많은 수확물을 얻을 수 있기 때문에 어쩔 수 없이 유전자 조작 식물을 재배하게 되는 거야."

"어휴, 그것도 문제네. 유전자 조작 식물의 장점과 단점을 잘 알고 재배 할지 말지를 결정해야겠구나. 그리고 사람들이 유전자 변형 식품을 먹을지 말지 스스로 판단할 수 있도록 제품에 표시를 해 주면 좋겠어."

"그래, 우리 초롱이는 생각도 깊구나."

콩콩 공주가 초롱이의 어깨를 토닥여 주었어요.

아무리 제초제를 뿌려도 잡초가 죽지 않네.

으악, 제초제가 지하수에 흘러 들어오고 있어!

유전자 변형 식품 표시제

두부, 간장은 유전자 변형 콩을 주재료로 만든다. 유전자 변형 식품이라고 해서 일반 작물들과 구분되는 특징이 없으므로, 유전자 조작 식물로 만든 식품을 구별하기는 쉽지 않다. 그래서 우리나라는 2001년부터 '유전자 변형 식품 표시제'를 법으로 정하여 소비자들에게 유전자 조작 식물로 만든 식품을 알리고 있다.

유전자 변형 식품 표시 원칙은 다음과 같다.

첫째, 장류, 두부류, 과자류, 통조림류와 같은 식품에 3% 이상의 유전자 조작 식물이 포함될 경우 이를 표시해야 한다. 따라서 유전자 조작 식물이 3% 이하로 사용되면 유전자 변형 식품 표시를 하지 않아도 된다.

둘째, 유전자 조작 식물을 사용했지만 가공한 상태에서 유전자 조작 식물의 DNA 성분이나 단백질이 남아 있지 않은 식품에는 유전자 변형 식품 표시를 하지 않아도 된다. 예를 들어 된장에는 원료인 콩의 DNA가 그대로 남아 있으므로 유전자 변형 식품이라는 것을 표시해야 된다. 간장에는 원료인 콩의 DNA가 남아 있지 않으므로 유전자 변형 식품이라는 것을 표시하지 않아도 된다.

유통기한: 제조일로부터 24개월까지
용　량: 500ml
원료 및 함량: 물55%(정제수),
카라멜20%(정제당, 정제
대두8%(<u>유전자변형
콩포함 가능성있음</u>)
정제염6%, 설탕5%,

유전자 변형 식품 표시 제품

STEAM 쏙 교과 쏙

 유전자가 무엇일까?

 유전자는 유전 정보의 기본 단위로, 생물체 개개의 특징을 담고 있다. 유전자를 구성하는 물질은 DNA이고, DNA는 염색체 내에 일정한 순서로 배열되어 있다. 유전자는 부모에게서 자식에게 전달되는데, 이때 유전자는 염색체에 담겨 전달된다.

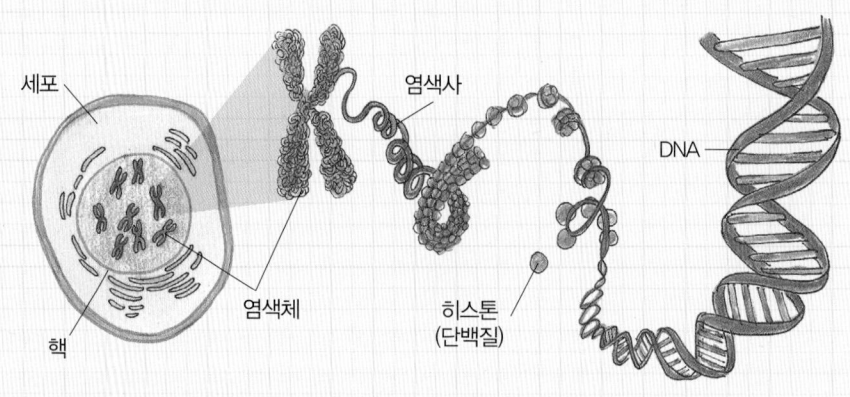

세포
핵
염색체
염색사
히스톤
(단백질)
DNA

 유전자 조작 식물로 사막화를 막을 수 있을까?

 사막화란 기후 변화나 사람 때문에 사막 환경이 넓어지는 현상이다. 가뭄이 심해지면 점점 건조해져서 식물이 말라 죽게 된다. 이런 문제를 해결하기 위한 한 가지 방법으로 유전자 조작 기술로 건조한 기후에 잘 견디는 식물을 만들고 있다.

건조한 기후에 강한 선인장 유전자와 열대 지방에서 자라는 맹그로브라는 식물을 조합해서 만든 유전자 조작 식물인 맹그로브 선인장을 사막에 심으면 사막을 초원으로 만들 수 있다.

유전자 조작 기술로 어떤 식물을 만들까?

 유전자 조작 기술이란 유전 공학 기술을 이용해 기존의 생물에 없던 새로운 형태의 유전자를 포함하는 생물체를 만드는 것이다. 어떤 생물의 유전자 중 유용한 유전자만 선택하거나, 기존 유전자를 더 효과가 뛰어난 유전자로 교체하여 새로운 유전자를 만들고, 이를 다른 생물체에 넣어 새로운 품종을 만드는 것이다.

자연에서는 존재하지 않았던 파란색 장미를 만들거나 오랜 기간 동안 무르지 않는 토마토를 만드는 것은 모두 유전자 조작으로 가능한 것이다.

 꽃의 색은 어떻게 결정될까?

 꽃의 색은 꽃이 가지고 있는 색소 유전자로 결정된다. 꽃잎의 색깔은 주로 안토시아닌이라는 색소로 결정된다. 장미는 파란색 꽃이 필 수 없는데, 그 이유는 파란색을 내는 델피니딘이라는 유전자가 없기 때문이다. 델피니딘은 안토시아닌의 일종이지만 장미꽃에는 델피니딘 색소를 만드는 유전자가 없어서 파란색 장미꽃을 만들려면 유전자를 조합해야 한다.

4장

이런 식물
저런 식물

작품으로 탄생한 식물

"참! 방학 숙제로 미술관에 다녀와서 견학 보고서를 내야 하는데 깜박 잊고 있었어. 콩콩 공주, 나랑 같이 미술관에 갈래?"

"미술관? 여긴 시골인데 미술관이 있겠어?"

"히히, 걱정 마. 엄마가 버스로 20분만 가면 시립 미술관이 있댔어."

"아, 그렇구나. 그럼 빨리 버스를 타러 가자."

"잠깐만, 먼저 할머니께 말씀드리고 가자."

초롱이는 밭일을 가신 할머니께 뛰어갔어요. 할머니는 초롱이가 혼자 미술관에 가는 게 걱정되셨는지 버스 정류장까지 초롱이를 배웅해 주셨어요. 초롱이는 엄마가 미리 알려 준 대로 버스 기사 아저씨께 부탁해 시립 미술관에 무사히 도착했어요. 다른 사람들에게 들키지 않게 작아진 콩콩 공주가 어깨에 있어 더욱 든든했지요.

"자, 이제 도착했다. 그림을 꼼꼼히 살펴봐야지."

벽에 걸린 그림을 보기 시작한 초롱이가 갑자기 조용해졌어요.

"초롱아, 이 그림이 뭔지 알겠어?"

초롱이 어깨에 있던 콩콩 공주가 물었어요.

"뭐가 뭔지 모르겠어. 초상화 같은데 사람 얼굴이 왜 이렇게 생겼지?"

초롱이는 그림을 보며 고개를 갸우뚱거렸어요.

"에헴, 초롱이를 위해서 내가 오늘 하루 도슨트가 되어 주지."

"도슨트? 그게 뭔데?"

"도슨트는 박물관이나 미술관에서 관람객들에게 전시물을 설명해 주는 사람이야."

"하하, 너는 사람이 아니잖아."

"아, 도스트 콩이라고 하면 되겠네."

초롱이와 콩콩 공주가 깔깔거리며 웃었어요.

"도스트 콩! 이 그림을 설명해 줘. 무슨 그림인지 궁금해."

"응. 이 그림이 특이해 보이는 이유는 온갖 꽃과 풀로 머리, 얼굴, 목, 의상을 그렸기 때문이야. 이 그림은 주세페 아르침볼도라는 16세기 이탈리아 화가가 그린 거야. 〈봄〉이라는 제목과 어울리게 모두 봄에 피고 자라는 꽃이나 풀로 그림을 그렸어."

"과일이나 풀로 사람을 그릴 수 있다니 정말 신기하다!"

"주세페 아르침볼도는 과일, 꽃, 동물, 사물 등으로 사람의 얼굴을 표현하는 독특한 기법의 화풍으로 유명해. 지금 봐도 굉장히 창의적인 그림인데 당시 사람들은 더 놀랐겠지."

콩콩 공주는 초롱이와 그림을 보면서 각 작품에 대해 설명해 주었어요.

과일, 꽃, 풀이 모여서 사람 모양이 되었네.

주세페 아르침볼도 〈봄〉

"아름다운 식물은 예술가들에게 많은 **예술적인** 영감을 주기 때문에 식물을 소재로 한 유명한 작품들이 많아."

"나도 식물을 많이 그려 봤어. 학교에서 미술 대회를 했을 때도 창가에 있는 꽃을 그려서 상을 받았어."

"그래. 식물은 살아 있는 생명체여서 그릴 때마다 느낌이 달라. 프랑스 화가인 빈센트 반 고흐는 해바라기 그림으로 유명해. 고흐는 동료 화가인 폴 고갱의 방을 장식해 주기 위해 해바라기 그림을 많이 그렸대. 그래서 사람들은 고흐에게 '**태양의 화가**'라는 별명을 붙여 주었어."

"고흐는 나도 알아. 엄마 우산에 해바라기 그림이 있어서 물어봤더니 고흐 그림이라고 하셨어."

초롱이는 엄마 우산에 있던 해바라기 그림이 문득 떠올랐어요.

"후후, 그래. 고흐의 해바라기는 많은 사람들이 좋아해서 장식용품에 많이 사용돼. 그리고 노란색은 즐거움과 희망을 의미해. 해바라기를 그릴 때 고흐의 **기쁨과 기대감**을 나타낸 색이라고 할 수 있어."

"그림을 보면 화가의 마음도 알 수 있구나."

"고흐가 살아 있는 동안에는 고흐의 그림이 인정받지 못했지만, 후대 사람들은 고흐를 위대한 화가로 평가하고 있어."

> 노란색 해바라기가 정말 예쁘다.

빈센트 반 고흐 〈해바라기〉

네덜란드 경제를 뒤흔든 튤립

튤립은 오스만 제국 사람들이 사랑하는 꽃이었다.

16세기 중반 튤립이 유럽에 전파되었다.

와, 정말 멋집니다.

17세기 경제적으로 풍요로웠던 네덜란드는 희소가치가 높고 비싼 튤립 알뿌리를 마구 사들였다.

튤립 알뿌리를 사 두면 부자가 될 거예요.

100개 주세요.

무리하게 튤립 알뿌리를 사 놓았는데 튤립 가격이 폭락하자 망하는 사람이 많았다. 이로 인해 네덜란드 경제는 점점 나빠져 유럽 경제의 주도권을 영국으로 넘겨주고 말았다.

아이고, 망했네.

쯧쯧, 튤립은 욕심의 상징이야.

이후 화가들은 튤립을 어리석음과 지나친 욕심의 상징으로 사용했다.

암브로시우스 보스하르트

나무로 종이를 만들어

"콩콩 공주, 이제 그림은 많이 봤으니까 옆에 있는 박물관으로 가 보자."

"미술관 견학 보고서는 쓸 수 있겠어?"

"응. 네가 알려 준 설명까지 덧붙이면 훌륭한 보고서가 될 것 같아."

초롱이는 미술관 옆에 있는 박물관으로 향했어요. 박물관 건물에는 '박물관 특별전-세계 최고의 인쇄물'이라는 문구가 있었어요. 박물관에 들어가니 특별전 전시실이 보였어요.

"세계에서 가장 오래된 금속 활자 인쇄물이 무엇인지 알아?"

콩콩 공주가 장난스럽게 초롱이에게 물었어요.

"고려 시대 때 만들어진 〈직지심체요절〉이라는 책이야."

"와, 초롱이 너 잘 알고 있구나. 흔히 직지심경이라고도 부르지. 그런데 그것보다 더 오래된 인쇄물이 있어. 그게 뭔지 아니?"

"그건 잘 모르겠어. 〈직지심체요절〉이 가장 오래된 책 아니야?"

초롱이가 눈을 동그랗게 뜨며 놀라 물었어요.

"〈직지심체요절〉은 금속 활자를 이용해서 만들었고, 목판에 직접 글씨를 새겨서 찍어 내는 방법으로 만든 것도 있어. 그중에 세계에서 가장 오래된 목판 인쇄물이 무구 정광 대다라니경이야. 1966년 경주 불국사의 석가탑을 해체하는 과정에서 발견되었지."

"와, 우리나라 것이 세계에서 가장 오래된 목판 인쇄물이야?"

"응, 현재 국보 제126호로 지정되어 있어. 751년(신라 경덕왕 10년)에 만들어진 것이라고 하니 무려 1200년이 넘은 거지. 바로 이거야."

> 우아, 이게 가장 오래된 거야?

> 우리 민족 전통 한지로 만든 거야.

무구 정광 대다라니경

콩콩 공주는 무구 정광 대다라니경을 가리켰어요.

"와, 우리 조상들은 정말 대단하구나. 그런데 그렇게 오랜 세월이 지났는데도, 색깔이 조금 누렇게 변했을 뿐 종이에 좀이 슬거나 썩은 부분이 없는 게 신기해."

"그 이유는 무구 정광 대다라니경이 우리 민족 전통의 한지로 만들어졌기 때문이야. 저기 한지를 만드는 과정이 있네. 가 보자."

콩콩 공주는 전시실 중앙을 가리켰어요. 거기에는 한지를 만드는 과정이 그림과 함께 전시되어 있었어요.

"아하, 한지는 나무로 만드는구나."

"응. 모든 종이는 나무로 만들어. 그래서 나무를 보호하려면 종이를 아껴서 사용해야 해."

"아, 그렇구나."

"우리나라에서 자라는 닥나무로 만든 한지는 색이 잘 변하지 않고

① 닥나무 잎이 모두 떨어진 늦가을부터 닥나무를 채취한다.

② 닥나무의 껍질이 잘 벗겨지도록 물을 붓고 5시간 정도 찐다.

③ 닥나무의 껍질에서 검은 겉껍질을 긁어내어 하얀 속껍질만 분리해 낸다.

④ 닥나무 속껍질의 섬유질이 잘 퍼지도록 잿물에 넣고 삶는다.

⑤ 삶은 닥 섬유가 하얗게 될 때까지 흐르는 물에 계속 씻는다.

⑥ 닥 섬유를 평평한 돌 위에 놓고 방망이로 두들겨 잘 으깬다.

⑦ 으깬 닥 섬유를 닥풀과 물에 넣어 잘 섞는다. 닥풀은 섬유를 엉키지 않게 한다.

⑧ 대나무 발을 틀 위에 올리고 ⑦에 넣어 좌우로 흔들며 종이를 뜬다.

⑨ 대나무 발에서 떼어 낸 종이를 건조시킨다. 잘 마른 종이를 떼어 내면 한지가 된다.

오래 보존할 수 있어. 1200년 전에 만들어진 무구 정광 대다라니경이 아직도 멀쩡한 것을 보면 알 수 있지."

"우리나라 한지가 그렇게 뛰어난지 몰랐어."

초롱이가 입을 딱 벌리며 **감탄했어요.**

"한지는 뛰어난 점이 많아. 한지를 만드는 모든 과정에서 식물성 재료만을 사용하기 때문에 **자연 친화적**이고 환경이 오염되지 않아. 한지는 다른 종이들보다 잘 찢어지지 않아서 옛날에는 한지 여러 장을 겹친 뒤 옻칠을 하여 갑옷을 만들기도 했어. 한지의 우수성은 세계에 자랑할 만해."

"우리 조상들의 지혜는 정말 뛰어난 것 같아."

"옛날 사람들은 한지에 글을 쓰고 책을 만들기도 했지만 문에 바르는 창호지, 방바닥에 바르는 장판지로도 사용했어. 요즘은 한지로 인형도 만들고, 부채도 만들어."

창문에 바른 창호지

한지로 만든 인형

식물무늬에 의미가 있어

특별전을 관람한 초롱이는 도자기관으로 걸음을 옮겼어요. 도자기관에는 은은한 **푸른색**을 띠는 청자, **소박한** 아름다움이 있는 백자들이 전시되어 있었어요. 접시, 물병, 찻잔, 화병 등 다양한 모양의 도자기가 있었는데, 자세히 들여다보니 여러 식물무늬가 있었어요.

"도자기마다 여러 식물무늬가 있네. 그래서인지 더 화려하고 예뻐 보여."

"초롱아, 도자기에 있는 식물무늬는 특별한 의미를 담고 있어. **단순히** 예뻐 보이기 위한 게 아니야."

"특별한 의미? 어떤 의미가 있어?"

"이 청자는 죽순 모양의 주전자야. 죽순은 대나무의 어린싹이야. 주전자의 몸체는 죽순 모양이고, 손잡이는 대나무 가지 모양이지. 뚜껑은 죽순의 끝을 잘라 올려놓은 모양이야. 죽순의 순(筍)은 자손을 의미하는 손(孫)과 중국어 발음이 같아. 그래서 죽순은 자손의 번성을 의미해."

청자 죽순 모양 주전자

"아, 그러니까 이 주전자는 자손이 번성하라는 기원을 담아 만든 것이구나."

초롱이는 신나서 다른 도자기 쪽으로 가더니 **유심히** 살펴보았어요.

"음, 이건 연꽃을 본떠 만든 거 맞지?"

"응. 연꽃 모양 향로야. 연꽃무늬는 삼국 시대 불교가 우리나라에 전파된 이래 많은 예술품과 생활 도구에 사용되었어.

불교에서뿐만 아니라 유교나 도교에서도 연꽃무늬를 즐겨 사용했지. 유교에서는 연꽃을 군자의 청빈과 고고함에 비유하고, 도교에서는 하선고라는 선녀가 가지고 다니는 **신령스러운** 꽃을 의미해."

"와, 이거랑 비슷한 걸 할머니 댁에서도 봤어. 할아버지가 아끼는 거라고 하셨는데……."

초롱이는 신기한 듯 연꽃무늬를 살펴보았어요.

"도자기 무늬에는 여기 있는 병처럼 연꽃과 연꽃을 쪼고 있는 물새가 같이 있는 경우가 종종 있어. 이 무늬는 생명의 씨앗을 획득한다는 의미로 아이를 임신하거나 아들을 낳는 것을 뜻해. 그래서 주로 여성들이 쓰는 물건에 많이 사용하는 무늬야."

"와, 내용을 알면서 보니까 이해가 더 잘되고 재미있는 것 같아."

초롱이는 **환한** 표정으로 다음 장소로 이동했어요.

청자 양각 연꽃 모양 향로병

분청사기 상감 연꽃 물새 무늬 납작병

식물로 물을 들여

박물관의 다음 전시실로 들어가는 입구는 매우 어두웠어요. 초롱이가 좌우를 둘러보니 벽에 춤추는 사람들이 그려져 있었어요.

"이 그림은 고구려의 무용총이라는 무덤에 그려진 벽화를 복원한 거야."

"고구려 사람들도 멋쟁이셨구나."

"그렇지. 이 옷에 있는 점무늬는 다른 부분에는 염색되지 않게 하고, 무늬에만 염색되도록 하는 방법을 써서 만들었어."

"와, 옛날 사람들도 옷에 염색을 했어?"

"그럼, 우리 조상들은 일찍부터 식물로 염색을 했지. 기록을 보면 삼국 시대부터 계급의 차이가 생겨 신분에 따라 옷이 달랐대. 이 시대에는 남녀 모두 엉덩이까지 내려오는 긴 저고리에 바지 또는 주름치마를 즐겨 입었어. 신발은 귀족들의 경우 가죽신을 신었고, 일반 백성이나 노비들은 풀이나 나무 등으로 만든 신발을 신거나 그냥 맨발로 다녔대. 백제는 지위에 따라 옷 색깔과 허리띠 색깔을 다르게 해서 구분했어. 그리고 신라는 신분제

옷에 점무늬가 있네.

고구려 때 그려진 그림이야.

고구려 무용총의 무용도

자주색   붉은색   파란색   노란색

신라의 의복
신라는 골품제라는 신분 제도가 있었다. 성골, 진골, 6두품부터 1두품까지 나누었고, 관직은 1관등부터 17관등까지 나누었다. 오를 수 있는 관직이 신분에 따라 달랐고, 입는 관복 색도 달랐다. 1~5관등은 자주색, 6~9관등은 붉은색, 10~11관등은 파란색, 12~17관등은 노란색을 입었다.

가 **엄격해서** 신분에 따라 입을 수 있는 옷 색이 달랐어. 삼국 시대부터 이미 다양한 색을 만들어 냈다는 거지."

"**신기하네.** 신분에 따라 한 가지 색 옷만 입을 수 있다니……."

초롱이는 옷 색깔로 신분을 구분한다는 것이 신기했지만 한 가지 색 옷만 입어야 하는 시대에 태어나지 않은 것이 다행이라고 생각했어요.

"삼국 시대는 한 가지 색으로만 염색하는 기술을 넘어 다양한 무늬로 염색하는 기법이 유행해서, 꽃이나 새, 점무늬 등이 있는 천을 만들었어."

"콩콩 공주, 우리 조상들은 천을 어떻게 염색한 거야?"

"초롱아, 산이나 들에 갔다가 잠시 풀밭에 앉았는데 바지에 초록색 물이 든 적 있니?"

"응. 지난 봄 소풍 때 흰 바지를 입고 풀밭에 앉았다가 풀물이 들어서 바지를 버린 적이 있어."

"그래. 그렇게 식물로 물을 들일 수 있어. 양파, 단풍잎, 소나무 껍질, 장미 등은 식물성 염료야. 풀과 나뭇잎, 꽃, 열매 등과 같은 식물성 염료는 쉽게 구할 수 있기 때문에 가장 **널리** 쓰이는 염색 재료지. 우리 조상들은 일찍이 소나무 껍질에서 붉은색을, 치자나무에서 노란색을, 감에서 갈색을, 쪽에서 짙은 푸른빛을 뽑아내어 아름답게 염색을 했어."

식물성 염료

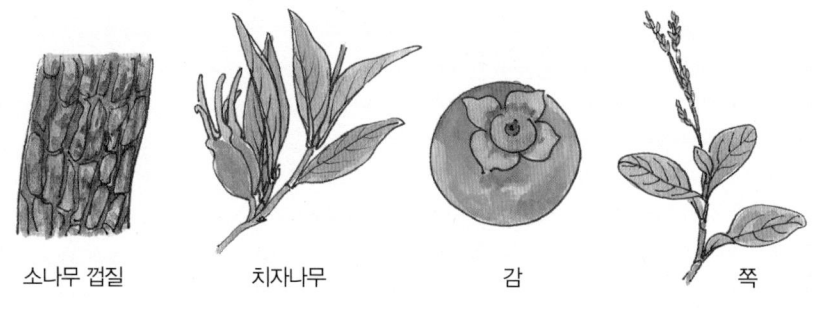

| 소나무 껍질 | 치자나무 | 감 | 쪽 |

"그럼 식물만 있으면 염색을 할 수 있는 거야?"

"아니, 염색 재료에 천만 담그면 염색이 잘되지 않아. 초롱아, 손톱에 봉선화로 물을 들여 본 적 있어?"

"응. 나 어렸을 때 할머니가 많이 해 주셨어."

초롱이는 **여름마다** 할머니가 봉선화로 손톱에 물을 들여 주셨던 생각이 났어요.

"봉선화 물을 들일 때 할머니가 꽃과 잎에 하얀 가루를 조금 넣고 찧었을 거야. 염색이 잘되고 색깔이 오래 유지되도록 넣어 주는 물질을 매염제라고 해. 하얀 가루가 매염제로 쓰이는 백반이야. 천을 염색할 때도 마찬가지로 백반과 소금 같은 매염제를 넣어야 해."

"아, 그렇구나. 할머니는 가끔 식초를 넣은 것 같기도 해."

"그래. 식초도 매염제 역할을 한 거야. 이렇게 자연에서 얻은 색소로 염색을 하면 자연스러운 색을 얻을 수 있어 눈이 피곤하지 않아. 또 염색 과정 전체에 화학 약품을 사용하지 않으니까 친환경적인 염색 방법이지."

"콩콩 공주, 나도 식물을 이용해 염색을 해 보고 싶어."

"어렵지 않아. 내가 방법을 알려 줄게. 집에 가서 엄마와 함께 해 봐."

초롱이는 집에 가서 꼭 예쁜 색으로 천을 염색해 보겠다고 다짐했어요.

우아, 천을 염색하니 색이 정말 아름다워!

치자로 물들이기

준비물 치자를 우려낸 물, 백반 약간, 면 소재의 흰 천

실험 방법

① 치자 우려낸 물을 따뜻하게 데운 후 면 소재의 흰 천을 담가 놓는다.

② 원하는 색이 나올 때까지 40분 정도 계속 주무르거나 밟는다.

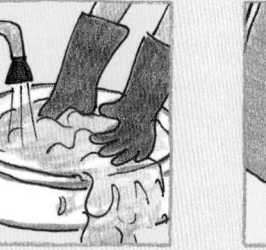

③ 백반을 넣고 20분간 주무르거나 밟은 후 흐르는 물에 여러 번 헹군다.

④ 그늘에서 말린다.

실험 결과

흰 천이 치자색으로 물들어서 짙은 노란빛이 된다. 실험 과정을 두 번 이상 반복하면 선명한 색으로 물이 든다. 햇볕에 말리면 변색이 될 수 있으므로 반드시 그늘에서 말려야 한다.

 **실험**

봉선화로 손톱 물들이기

준비물 봉선화 꽃잎과 잎사귀 약간, 백반 약간

실험 방법

① 봉선화 꽃잎과 잎을 몇 개씩 딴다.

② 백반을 넣고 꽃과 잎을 함께 빻아 준다.

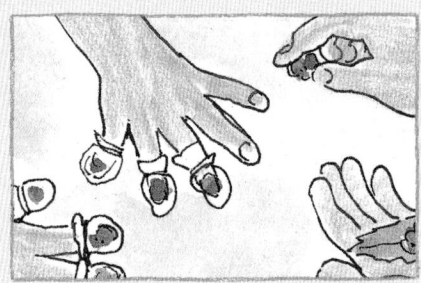

③ 빻은 것을 손톱 위에 올리고, 비닐로 감싼 뒤 실이나 끈 등으로 묶는다.

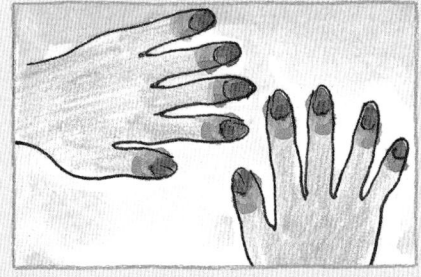

④ 6~10시간이 지난 뒤 비닐을 풀고 물로 손을 씻는다.

실험 결과

손톱이 빨갛게 물든다. 백반은 봉선화 물이 잘 들도록 돕고, 조금 넣은 잎사귀는 빛깔을 더 곱게 해 준다. 매염제로 백반 대신 소금이나 괭이밥의 잎을 사용할 수 있다.

역사와 문화를 바꾼 식탁 위의 식물

미술관과 박물관을 둘러본 초롱이는 배가 출출해졌어요.

"우리 간식 먹으러 가자. 세계 여러 나라 음식을 파는 음식점이 있는데 아주 **유명하대.**"

음식점의 메뉴판을 보며 고민하던 초롱이는 햄버거 세트를 시키고 자리에 앉았어요. 테이블마다 소금, 후추가 들어 있는 양념 통이 있었어요.

"초롱아! 소금, 후추, 계피 같은 향신료가 예전에는 금보다 더 비쌌다는 사실 알고 있니?"

콩콩 공주가 후추 통을 가리키며 말했어요.

"정말? **말도 안 돼.** 향신료가 금보다 비싸다니."

초롱이는 믿을 수 없다는 듯이 소리쳤어요.

"사실이야. 여기서 문제 하나! 크리스토퍼 콜럼버스, 페르디난드 마젤란,

바스쿠 다가마, 이 세 사람의 공통점이 뭘까?"

"그건 알아. 셋 다 신대륙이나 새로운 항로를 개척한 탐험가잖아."

"오, **정확하게** 알고 있네."

"히히. 어릴 적부터 책을 많이 읽어서 이 정도는 쉽지. 그런데 탐험가와 향신료가 무슨 관계야?"

초롱이는 **의아한** 표정으로 물었어요.

"15세기 말부터 16세기 초에 걸쳐 유럽 탐험가들에 의해 시작된 대항해 시대는 사실 향신료를 둘러싼 전쟁의 시작이라고 할 수 있어. 콜럼버스의 신대륙 발견, 다가마의 아프리카 남단 희망봉을 돌아 인도까지 가는 항로 개척, 마젤란의 세계 일주는 향신료를 구하려는 목적도 있었어."

"유럽 사람들은 왜 그렇게 향신료를 얻으려고 한 거야?"

초롱이는 호기심이 가득한 얼굴로 질문했어요.

"초롱아, 소금과 후추가 빠진 갈비탕을 먹는다고 **상상해 봐**. 맛이 어떨 것 같아?"

"으악, 맛없어!"

"그 당시 유럽의 음식은 맛이 없었대. 교통 시설도 발달하지 않았고, 음식을 오래 보관할 수도 없었기 때문에 대부분 소금에 절인 고기나 말린 생선을 먹어야 했지. 향신료로 맛을 돋우지 않으면 먹기 어려웠던 거야. 그래서 향신료가 꼭 필요했던 거지."

"맞아. 음식 맛이 중요하긴 해."

초롱이는 고개를 **끄덕이며** 말했어요.

"그래. 또 의학적인 이유도 있어. 당시 유럽 사람들은 의학 지식이 부족

이 향신료가 금보다 비쌌단 말이야?

사프란

로즈메리

카르다몸

후추

해 잘못된 생활 습관을 가지고 있었어. 예를 들어 몸이나 방에서 악취가 나면 병에 걸린다고 생각했어. 그래서 악취를 막기 위해서 향이 있는 향신료를 사용했지. 하지만 악취가 난 건 잘 씻지 않고, 주변을 치우지 않았기 때문이야. 잘 씻고, 깨끗이 청소하면 병을 예방할 수 있는 거였는데 말이야."

"맙소사. 얼토당토않은 이유였네."

"당시 많이 사용했던 허브 중에서 로즈메리는 실제로 살균, 소독, 방충 작용이 뛰어나잖아. 그러니까 전혀 효과가 없는 건 아니지."

한참 얘기를 하던 중 초롱이가 시켰던 햄버거와 감자튀김이 나왔어요.

"와, 맛있겠다. 역시 감자튀김은 토마토케첩에 찍어 먹어야 제맛이야."

초롱이는 감자튀김을 토마토케첩에 찍어 맛있게 먹기 시작했지요.

"토마토에 관해서도 재미있는 이야기가 많아. 토마토를 뜻하는 이탈리아어 포모도로(pomodoro)는 '황금 사과'라는 뜻이야. 토마토의 원산지는 남아메리카인데 유럽 사람들은 토마토를 먹으면 이가 빠진다거나, 냄새를 맡으면 미친다고 생각했대. 그래서 1700년대 초반이 되어서야 음식 재료로 사용되었어."

"그런 일도 있었구나. 난 토마토 스파게티를 참 좋아하는데, 그때 태어났다면 못 먹을 뻔했네."

"그런데 초롱아, 토마토는 과일일까, 채소일까?"

콩콩 공주가 **장난스러운** 표정으로 초롱이에게 물었어요.

"나무에서 나는 열매가 과일, 풀에서 나는 열매가 채소 아니야? 그러니까 토마토는 채소야!"

"1800년대에 토마토가 과일인지, 채소인지에 대한 논쟁으로 재판까지 벌어졌던 큰 사건이 있었어. 그때는 토마토가 후식으로 나오지 않기 때문에 채소라고 판결했대."

"하하, **재미있는** 결론이네."

"이 당시 판결은 과학적인 근거에 의한 것은 아니었지만, 네 말대로 토마토는 채소가 맞아."

새까만 물, 커피

초롱이 옆 테이블에서는 아주머니들이 커피를 마시고 있었어요.

"어른들은 왜 커피를 마실까? 쓰다고 하던데……."

"사람들이 커피를 많이 마시게 된 건 그리 오래되지 않았어. 커피의 발견과 유행에도 **숨겨진** 이야기가 있지."

"콩콩 공주, 뭔데? 빨리 얘기해 줘."

"여기서 퀴즈! '지옥처럼 검고, 죽음처럼 강하며, 사랑처럼 달콤하다.'는 어떤 음식을 말할까?"

"뭐야, 너무 뻔하잖아. 커피 이야기를 하던 중이니 커피겠지."

초롱이가 장난스럽게 웃으며 말했어요.

"😊😊, 맞아. 커피에 대한 터키의 속담이야. 옛날에 에티오피아에서 살던 칼디라는 소년이 염소들이 붉은 열매만 먹으면 흥분하여 뛰어다니는 것을 발견했어. 소년이 호기심에 그 열매를 먹어 보니 신기하게 기운이 나고, 상쾌해졌던 거야. 그래서 그 열매를 이슬람 사원으로 가져갔어. 사원에서는 기도할 때 잠을 쫓기 위해 커피를 마셨대. 커피라는 이름도 처음 발견된 지역 '카파(Kappa)'의 명칭을 따서 붙여졌다고 해."

커피나무 열매는 타원 모양이고, 붉은색으로 익는다. 열매의 씨앗을 볶아서 가루를 만들어 커피로 사용한다.

"하하, 재미있다. 엄마도 커피를 **좋아하니까** 집에 가서 꼭 말해 줘야지."

"그래. 엄마도 재미있어하실 거야."

"그런데 커피가 에티오피아에서 어떻게 전 세계로 알려진 거야?"

초롱이가 고개를 **갸웃하며** 물었어요.

"전 세계를 다니며 무역을 하던 네덜란드 사람들 덕분에 커피가 유럽에 소개되었어. 17세기 중반에는 거의 모든 유럽에 커피가 알려졌지. 처음 유럽 사람들은 커피를 '아라비아 와인'이라고 불렀대. 하지만 커피가 처음부터 유럽에서 환영을 받았던 것은 아니야. 이교도들이나 마시는 음료라고 생각해서 커피를 **금지했었대**. 그런데 교황 클레멘스 8세가 커피를 마시고 정말 맛있어 크리스트교 음료로 선포하면서 빠르게 확산된 거야."

"커피도 식물이고, 우리가 먹고 마시는 음식들 대부분이 식물이었네."

"그래. 우리 식물이 없었다면 아마 사람들도 살아가기 어려웠을 거야."

콩콩 공주는 **자랑스러운 듯** 거드름을 피웠어요.

"콩콩 공주! 이제 빨리 할머니 댁으로 돌아가자. 할머니가 기다리시겠어."

초롱이는 콩콩 공주와 함께 서둘러 할머니 댁으로 돌아갔어요.

악마의 음료라고 하기에 이건 정말 맛있군! 크리스트교 음료로 선포하노라!

교황 클레멘스 8세 →

콩콩 공주, 안녕!

할머니는 집에서 따뜻한 밥과 나물 반찬을 차려 놓고 초롱이를 맞아 주셨어요.

"**아이고**, 우리 초롱이가 배고프겠구나. 얼른 손 씻고 밥 먹으렴."

초롱이는 나물 반찬을 보니 왠지 반가웠어요. 콩콩 공주와 함께 식물에 대해 이것저것 살펴보고 나니 괜스레 나물 반찬이 싫지 않았어요.

"네, 맛있게 잘 먹겠습니다."

"아이고, 우리 강아지 이제 다 컸구나. 투정도 안 부리고."

할머니는 초롱이가 기특한 듯 초롱이 머리를 쓰다듬어 주었어요. 콩콩 공주는 초롱이 머리카락 속에 숨어서 할머니가 웃는 모습을 보며 기뻐했어요. 식사를 마친 초롱이는 방학 일기부터 식물 키우기 일지, 미술관 견학 보고서까지 밀린 방학 숙제를 했어요.

"아, 다 했다. 밀린 방학 숙제를 하느라 힘들었어."

초롱이는 기지개를 켜며 말했어요.

"그러게 방학 숙제는 **미리미리** 하지 그랬어?"

콩콩 공주가 머리를 콩 쥐어박듯이 초롱이 머리 위에서 콩콩 뛰었어요.

"그러게 말이야. 그래도 콩콩 공주 덕분에 식물 키우기 일지랑 미술관 견학 보고서는 금방 할 수 있었어. 정말 고마워."

"도움이 되었다니 **기쁜걸.** 이제 내가 없어도 식물에 관해서는 척척박사가 될 수 있겠지?"

콩콩 공주가 아쉬운 표정을 지으며 말했어요.

"응? 어디 가게? 나랑 같이 있는 거 아니었어?"

초롱이는 눈을 휘둥그레 뜨며 물었어요.

"나도 이제 완두콩 왕국으로 가 봐야지. 너와 이야기하다 보니 내가 있을 곳은 따뜻한 햇볕과 상쾌한 공기, 시원한 물과 포근한 흙이 있는 곳이라는 생각이 들었어."

콩콩 공주는 창틀로 훌쩍 뛰어오르며 말했어요.

"그렇구나. 방학 하면 할머니 댁에 놀러 올 테니 나 보러 꼭 와야 해."

초롱이가 서운해하며 말했어요.

"그래, 방학 때 또 보자. 그럼 안녕!"

콩콩 공주는 창문 밖으로 사라졌어요. 초롱이는 내년에 할머니 댁에 놀러 와서 콩콩 공주의 신하들이 얼마나 자랐는지도 보고, 콩콩 공주와도 재미있게 놀아야겠다고 생각했어요.

STEAM 쏙
교과 쏙

Q 이탈리아의 화가 아르침볼도는 어떤 그림을 그렸을까?

A 주세페 아르침볼도는 과일, 채소와 같은 사물들을 조합하여 사람의 얼굴처럼 보이도록 그림을 그렸다. 그림 속에 있는 각각의 과일과 채소 등의 사물을 보면 세밀한 정물화로 보이지만 멀리서 보면 사물을 그린 정물화가 아닌 사람의 얼굴을 그린 초상화가 된다. 이렇게 두 가지 이미지를 볼 수 있도록 그린 그림을 보면 아르침볼도의 독특한 시각을 느낄 수 있다.

Q 고흐의 해바라기 그림은 어떤 느낌을 줄까?

고흐는 강렬한 색채와 격정적인 표현으로 독특한 그림풍을 만들었다. 자연 속 해바라기의 모습을 유지하면서도 윤곽을 선명하게 표현하고, 강렬한 색채를 사용하여 그가 해바라기를 통해 느낀 감정을 생생하게 전달한다. 고흐에게 노랑은 희망을 의미하며, 그가 느꼈던 기쁨과 설렘을 반영하는 색이었다. 그는 꼼꼼하게 계산하여 그림을 그리기보다는 대상에서 느껴지는 자연스러운 분위기를 그대로 표현했다.

무구 정광 대다라니경은 무엇일까?

 무구 정광 대다라니경은 세계에서 가장 오래된 목판 인쇄물이다. 1966년 우리나라 경주 불국사의 석가탑 보수 공사 중 여러 유물과 함께 발견되어 국보 제126호로 지정되었다. 전체 길이 약 620cm, 폭은 약 8cm이며, 751년 신라 시대에 만들어진 것으로 추정된다. 발견 당시에는 많이 손상되어 있었으나 1989년 대부분 복원되었다. 현재 국립 중앙박물관에 보관되어 있다.

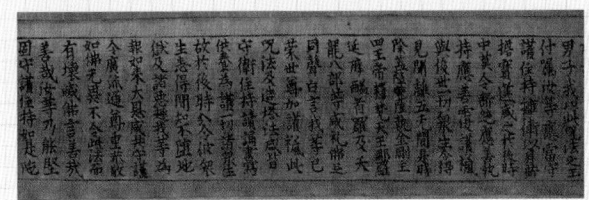

 무용총 벽화에는 어떤 것이 그려져 있을까?

무용총은 중국에 있는 고구려의 고분으로, 광개토 대왕릉비가 있는 곳에서 약 1km 떨어진 곳에 있다. 무용총 벽면에는 무덤의 주인으로 보이는 인물과 삭발한 승려, 수렵도, 기마도, 가옥, 남녀 군무상 등 여러 가지 벽화가 그려져 있다. 벽화를 보고 당시 사람들의 생활 모습을 짐작할 수 있다.

핵심 용어

광합성
식물이 물과 이산화탄소를 이용하여 빛 에너지를 받아 양분을 만드는 과정. 이때 산소도 발생함.

기생 식물
엽록소가 없고 녹색 잎도 없어서 광합성을 하지 못하기 때문에 스스로 양분을 만들지 못하는 식물. 다른 식물에 달라붙어 양분을 훔쳐 먹고 살아감.

매염제
염료가 직접 섬유에 염색되지 않을 때 염색이 되도록 매개 역할을 하는 약품. 섬유를 매염제로 처리한 후에 염색하면 염색이 잘되고 색이 선명함. 명반, 소금, 크롬, 철 등이 있음.

무구 정광 대다라니경
세계에서 가장 오래된 목판 인쇄본. 1966년 10월 경주 불국사 석가탑 해체 공사 중에 탑 안에서 발견. 국보 제126호. 폭이 약 8cm, 전체 길이 약 620cm.

사막화
토지가 사막으로 변해 가는 현상. 기후가 건조해져서 가뭄이 심해지고, 인간 활동으로 생태계가 파괴되어 사막화가 진행되고 있음.

생명 공학
생물이 가지고 있는 고유한 기능을 여러 가지 산업에 이용하거나 인위적으로 조작하는 기술. 유전자 재조합, 세포 융합 등의 기술을 통해 생명체의 특성을 이용함.

식물성 염료
식물에서 얻어진 천연염료. 식물의 잎, 뿌리, 껍질, 꽃, 열매 등에서 색소를 얻으며 색상이 은은함. 꼭두서니, 쪽, 지치 등이 있음.

식충 식물
벌레를 잡아 질소와 인 같은 양분을 얻는 식물. 벌레잡이 식물이라고도 함.

쌍떡잎식물
떡잎이 두 개인 식물. 대체로 잎이 넓고 잎맥은 그물맥임. 꽃잎의 수는 4 또는 5의 배수이고, 줄기의 관다발은 규칙적으로 배열되어 있음. 뿌리는 곧은뿌리로 원뿌리와 곁뿌리의 구분이 뚜렷함.

염색체
세포 분열이 일어날 때 나타나는 막대 모양의 구조물. 세포 분열이 일어나지 않을 때는 핵 속에 염색사의 형태로 실처럼 풀어져 있음.

외떡잎식물
떡잎이 한 개인 식물. 잎맥은 나란히맥이며 꽃잎의 수는 3의 배수임. 줄기의 관다발은 불규칙하게 배열되어 있음. 뿌리는 원뿌리와 곁뿌리의 구분이 없는 수염뿌리임.

유전자 변형 식품
농산물의 생산량을 증가시키거나 품질을 더 좋게 하기 위해 식품의 유전자를 조작하여 생산한 식품. 흔히 약자인 GMO라고 불림.

유전자 재조합
특정 세포에서 얻은 유전자를 다른 유전자에 결합시켜 새로운 유전자를 만드는 기술.

잎차례
잎이 줄기에 붙어 있는 모양. 어긋나기, 마주나기, 돌려나기, 뭉쳐나기 따위가 있음.

증산 작용
식물 안의 수분이 수증기가 되어 잎 뒷면에 있는 기공으로 빠져나가 공기 속으로 날아가는 작용. 공기 속에 수분이 적고, 햇빛이 강하고, 기온이 높을수록 증산 작용이 잘 일어남.

프랙털
작은 구조가 전체 구조와 비슷한 형태로 끝없이 되풀이되는 구조. 고사리, 공작의 깃털무늬, 구름과 산 등이 모두 프랙털 구조임.

피보나치수열
앞의 두 수 합이 바로 뒤의 수가 되는 수의 배열. 이 수열을 소개한 사람은 레오나르도 피보나치라는 이탈리아의 수학자임.

한지
우리나라 고유의 방법으로 만든 종이. 닥나무, 삼지닥나무 껍질을 원료로 사용하고 있음. 오랫동안 보관이 가능하고, 기능이 뛰어남.

향신료
음식에 풍미를 주어 식욕을 촉진시키는 식물성 물질. 고추, 바닐라, 후추, 정향 등이 있음. 유럽 인들이 향신료를 구하기 위해 세계를 탐험했음.

홀씨
이끼류와 양치식물의 생식 세포. 포자라고도 함. 보통 암술과 수술이 만나 싹이 트는 식물과 달리, 다른 것과 합쳐지는 일 없이 단독으로 싹이 터 새로운 개체가 됨.

일러두기

1. 띄어쓰기는 국립국어원에서 펴낸 「표준국어대사전」을 기준으로 삼았습니다.
2. 외국 인명, 지명은 국립국어원의 「외래어 표기 용례집」을 따랐습니다.